配网专业实训技术丛书

配网不停电
作业技术

主　编　崔建业　金伟君
副主编　钟　伟　楼伟杰　徐　洁

U0291693

中国水利水电出版社
www.waterpub.com.cn

·北京·

内 容 提 要

本书是《配网专业实训技术丛书》之一，主要内容包括：配电不停电作业基础知识、配电不停电作业方法及原理、配电不停电作业工器具、配电不停电作业的工作流程及制度、电缆不停电作业、配电不停电作业项目操作流程及技术要点等。本书对部分新技术应用予以介绍，力求与实际紧密结合、理论与实际操作并重。

本书既可作为从事配电线路运行管理、检修调试、设计施工和教学等相关人员的专业参考书和培训教材，也可作为高等院校相关专业师生的教学参考用书。

图书在版编目（ＣＩＰ）数据

配网不停电作业技术 / 崔建业，金伟君主编. -- 北京：中国水利水电出版社，2018.2(2022.4重印)
（配网专业实训技术丛书）
ISBN 978-7-5170-6311-7

Ⅰ. ①配… Ⅱ. ①崔… ②金… Ⅲ. ①配电系统－带电作业 Ⅳ. ①TM727

中国版本图书馆CIP数据核字(2018)第030565号

书　　名	配网专业实训技术丛书 **配网不停电作业技术** PEIWANG BUTINGDIAN ZUOYE JISHU	
作　　者	主　编　崔建业　金伟君 副主编　钟　伟　楼伟杰　徐　洁	
出版发行	中国水利水电出版社 （北京市海淀区玉渊潭南路1号D座　100038） 网址：www.waterpub.com.cn E-mail：sales@mwr.gov.cn 电话：(010) 68545888（营销中心）	
经　　售	北京科水图书销售有限公司 电话：(010) 68545874、63202643 全国各地新华书店和相关出版物销售网点	
排　　版	北京时代澄宇科技有限公司	
印　　刷	天津嘉恒印务有限公司	
规　　格	184mm×260mm　16开本　17.5印张　415千字	
版　　次	2018年2月第1版　2022年4月第2次印刷	
印　　数	4001—5000册	
定　　价	**78.00元**	

凡购买我社图书，如有缺页、倒页、脱页的，本社营销中心负责调换
版权所有·侵权必究

《配网专业实训技术丛书》

丛书编委会

丛书主编　杜晓平　崔建业

丛书副主编　潘巍巍　李　靖　赵　深　张　波　王韩英

委　　员　姜　宪　袁建国　钱　肖　姚福申　郝力军

吴文清　王秋梅　应高亮　金伟君　赵寿生

邵　波　何明锋　陈文胜　吴秀松　钟新罗

周露芳　姜昺蔚　王瑞平　杜文佳　蒋红亮

陈　炜　孔晓峰　钟　伟　贾立忠　陈崇敬

李振华　周立伟　赵冠军　朱晓光　应学斌

李浙学　陈新斌　金　超　徐　洁

本 书 编 委 会

主　　编　崔建业　金伟君

副 主 编　钟　伟　楼伟杰　徐　洁

参编人员　程辉阳　金韶东　蒋国强　吴智伟　何小兵

　　　　　徐　勇　金　超　肖　坤　项锡敏　孙　安

　　　　　章基辉　朱俊森　张一航　徐政军

前　　言

近年来，国内城市化建设进程不断推进，居民生活水平不断提升，配网规模快速增长，社会对配网安全可靠供电的要求不断提高，为了加强专业技术培训，打造一支高素质的配网运维检修专业队伍，满足配网精益化运维检修的要求，我们编制了《配网专业实训技术丛书》，以期指导提升配网运维检修人员的理论知识水平和操作技能水平。

本丛书共有六个分册，分别是《配电线路运维与检修技术》《配电设备运行与检修技术》《柱上开关设备运维与检修技术》《配电线路工基本技能》《配网不停电作业技术》以及《低压配电设备运行与检修技术》。作为从事配电网运维检修工作的员工培训用书，本丛书将基本原理与现场操作相结合，将理论讲解与实际案例相结合，全面阐述了配网运行维护和检修相关技术要求，旨在帮助配网运维检修人员快速准确判断、查找、消除故障，提升配网运维检修人员分析、解决问题能力，规范现场作业标准，提升配网运维检修作业质量。

本丛书编写人员均为从事配网一线生产技术管理的专家，教材编写力求贴近现场工作实际，具有内容丰富、实用性和针对性强等特点，通过对本丛书的学习，读者可以快速掌握配电运行与检修技术，提高自己的业务水平和工作能力。

在本书编写过程中得到过许多领导和同事的支持和帮助，使内容有了较大改进，在此向他们表示衷心感谢。本书编写参阅了大量的参考文献，在此对其作者一并表示感谢。

由于编者水平有限，书中疏漏和不足之处在所难免，敬请广大读者批评指正。

编者

目　　录

参考文献 ·· 266

第1章　配电不停电作业基础知识

1.1　配电线路简介

1.1.1　配电线路的概念

电能是现代工农业、交通运输、科学技术、国防建设和人民生活等方面的主要能源。由发电厂、输配电线路、变电设备、配电设备和用电设备等组成的有机联系的总体，称为电力系统。发电厂生产的电能，除一小部分供给本工厂用电（厂用电）外，要经过升压变压器将电压升高，由高压输电线路输送至距离较远的用户中心，然后经降压变电站降压，由配电网络分配给用户，如图1-1所示。

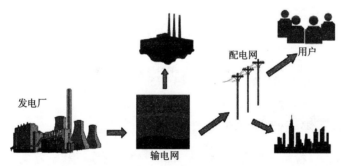

图1-1　电力系统

配电网络是电力系统的一个重要组成部分，按照配电网电压等级的不同，可以分为高压配电网（110V、35kV）、中压配电网（20V、10V、6V、3kV）和低压配电网（220V、380V）；按供电地域特点的不同可以分为城市配电网和农村配电网；按配电线路不同，可以分为架空配电网、电缆配电网以及架空电缆混合配电网。

1.1.2　架空配电线路

架空配电线路（简称架空线路）沿空中走廊架设，需要杆塔支持，每条线路的分段点设置单台开关（多为柱上）。为了有效地利用架空走廊，在城市市区主要采用同杆并架方式，有双回同杆并架、四回同杆并架；也有10kV、380V上下排同杆并架。中压架空线路最常见的有放射式和环网式两类。低压架空线路也采用树枝状放射式供电。城市及近郊区中压配电线路一般采用放射式环网架设，与其他变电站线路或与本变电站其他电源线路联络，提高供电可靠性及运行灵活性。架空配电线路的构成元件主要有导线、绝缘子、杆塔、拉线、基础、横担金具等，还包括在架空配电线路上安装的附属电气设备，如变压器、断路器、隔离开关、跌落式熔断器等。

与电缆配电线路（简称电缆线路）相比，架空配电线路的优点是成本低、投资少、施工周期短、易维护与检修、容易查找故障。缺点是占用空中走廊、影响城市美观、容易受自然灾害（风、雨、雪、盐、树、鸟）和人为因素（外力撞杆、风筝、抛物等）破坏。

1.1.3　电缆线路

依据城市规划，高负荷密度地区、繁华地区、供电可靠性要求较高地区、住宅小区、市容环境有特殊要求的地区、街道狭窄架空线路走廊难以解决的地区应采用电缆线路。

电缆的敷设主要有以下几种方式：

（1）直埋敷设方式。用于电缆条数较少时。

（2）隧道敷设方式。用于变电站出线段及重要市区街道、电缆条数多或多种电压等级电缆并行以及市政建设统一考虑的地段。

（3）排管敷设方式。主要用于机动车辆通道。

（4）其他敷设方式。如架空及桥梁架构敷设、水下敷设等。

与架空线路相比，电缆线路具有安全可靠、运行过程中受自然气象条件和周围环境影响较轻、寿命长、对外界环境的影响小、同一通道可以容纳多根电缆、供电能力强等优点。但也有自身和建设成本高（与架空线路相比投资成倍增长）、施工周期长、电缆发生故障时因故障点查找困难而导致修复时间长等缺点。

1.2　配电不停电作业简介

1.2.1　配电不停电作业基本概念

配电设备的施工或检修一般有两种作业方式，即停电作业和不停电作业。不停电作业方式即采用不停电技术对用户进行电力线路或设备测试、维修和施工的作业方式。

不停电作业方式主要分为两种：一种是直接在带电的线路或设备上作业，即带电作业；另一种是先对用户采用旁路或移动电源等方法连续供电，再将线路或设备停电进行作业，如电缆不停电作业。

1.2.2　配电不停电作业的方法

配电不停电作业是指工作人员接触带电部分的作业或工作人员用操作工具、设备或装置在不停电作业区域的作业，工作内容主要包括在配电线路设备近旁采用操作杆、测量杆进行的作业；在配电设备近旁，将带电部分绝缘隔离，使用绝缘斗臂车、绝缘平台等与地电位隔离，采用绝缘手套进行的直接作业。

目前，配电不停电作业主要包括四大类 30 多个架空线路不停电作业项目以及电缆不停电作业项目，广泛开展于配电架空线路和电缆线路的检修作业中，为配电网提供业扩搭火、故障抢修、配合技改等多种服务，对配网供电可靠性做出了巨大贡献。

1.2.3　配电电缆不停电作业方法

配电电缆不停电作业按作业方式可分为旁路作业法和移动电源法。

1. 旁路作业法

旁路作业法是指应用旁路电缆（线路）、旁路开关等临时载流的旁路线路和设备，将需要停电的运行线路或设备（如线路、断路器、变压器等）转由旁路线路或设备替代进行，再对原来的线路或设备进行停电检修、更换，作业完成后再恢复正常接线的供电方式，最后拆除旁路线路或设备，实现整个过程对用户不停电的作业。旁路作业法是在常规不停电作业中注入新的理念，它是将若干个常规不停电作业项目有机组合起来，实现"不停电作业"。

2. 移动电源法

移动电源法是指将需要检修的线路或设备从电网中分离出来，利用移动电源形成独立网而对用户持续供电，作业完成后再恢复正常接线的供电方式，最后拆除移动电源，实现整个过程对用户少停电或者不停电。这是移动电源法的基本思路，移动电源可以是移动发电车、应急电源车或者移动箱式变压器等。

1.2.4　不停电作业技术的发展方向

近些年，城市配电网快速发展，旁路作业和移动电源作业技术得到广泛应用。某些类型的作业，如变压器的调换、迁移杆线等，在不能采用直接带电作业的情况下，先采用旁路或者引入移动电源等方法对配网线路及设备进行临时供电，再将工作区域的线路进行停电后作业，实现对用户保持持续供电。这样，电网作业方式就从停电作业向以停电作业为主、不停电作业为辅进一步向不停电作业的方式转变，这将是电网技术的一场新变革，必将进一步提高电网供电可靠性。

1.3　配电不停电作业电流和电场的防护

在配电不停电作业过程中，电对人体的影响主要有两种：①在人体的不同部位同时接触了有电位差（如相与相之间或相对地之间）的带电体时而产生电流的危害；②人体在带电体附近但未接触带电体，因空间电场的静电感应而引起人体感觉有类似风吹、针刺等不舒服感。

1.3.1　电流对人体的影响

触电时，人体受害程度决定于通过人体的电流即电击。电击一般分为稳态电击和暂态电击。暂态电击电流的持续时间较长。表 1-1 列出了在稳态电击下人体表现的特征。

表 1-1　　　　　　　　　　　　稳态电击下人体表现的特征

电流/mA	50～60Hz 交流电	直流电
0.6～1.5	手指开始感觉麻	没有感觉
2～3	手指感觉强烈麻	没有感觉

电流/mA	50~60Hz 交流电	直流电
5~7	手指感觉肌肉痉挛	感到灼伤和刺痛
8~10	手指关节和手掌感觉痛，手已难于脱离电源，但仍能摆脱	灼热增加
20~25	手指感觉剧痛，迅速麻痹，不能摆脱电源，呼吸困难	灼热更增，手的肌肉开始痉挛
50~80	呼吸麻痹，心房开始震颤	强烈灼痛，手的肌肉痉挛，呼吸困难
90~100	呼吸麻痹，持续 3s 或更长时间后心脏麻痹或心房停止跳动	呼吸麻痹

当不同数值电流作用到人体的神经系统时，由于神经系统对电流的敏感性很强，人体将表现出不同的反应特征。并且与直流电相比，交流电流对人体的危害更严重。触电伤害的程度跟以下几个因素有关。

1. 电流大小

电流是触电伤害的直接因素，电流越大，伤害越严重。一般通过人体的交流电流（50Hz）超过 10mA（男性约 13.7mA、女性约 10.6mA），直流电流超过 50mA 时，触电人就不容易自己脱离电源了。

2. 电压高低

随着作用于人体的电压增高，可能造成人体皮肤的首先击穿，人体电阻会急剧下降，使通过人体的电流大为增加，所以电压越高越危险。

3. 人体电阻

人体电阻主要决定于皮肤的角质层。皮肤完好、干燥，电阻大，如果皮肤破损或大量出汗或受到电击，人体电阻会显著降低，电流急剧增大。

4. 电流通过人体的途径

电流通过人体的路径不同，使人体出现的生理反应及对人体的伤害程度不同。触电时电流流经人体的途径见表 1-2。左手至脚的电流途径，由于流经心脏的电流与通过人体总电流的比例最大，因而是最危险的；右手至脚的电流路径的危险性相对较小。电流从左脚至右脚这一电流途径，危险性小，但人体可能因痉挛而摔倒，导致电流通过全身或发生二次触电而产生严重后果。

表 1-2　　　　　　　　　触电时电流流经人体的途径

电流途径	左手至脚	右手至脚	左手至右手	左脚至右脚
流经心脏的电流与通过人体总电流的比例/%	6.4	3.7	3.3	0.4

5. 触电的时间长短

触电时间越长越危险。有时虽然触电的电流只有 20~30mA，但由于触电时间长，电流通过心脏，造成心脏颤动，直至心脏停止跳动。一般认为触电电流的毫安数乘触电时间的秒数超过 50mA·s，人就有生命危险，所以触电时迅速脱离电源最重要。

不停电作业是高危作业，为了保障作业人员作业安全，要求经过人体的稳态电流不能超出人体的感知水平 1mA。

1.3.2　电场对人体的影响

不停电作业时，人体可看作良导体，工作人员作业时与带电体或杆塔构件构成各种各样的电极结构。电极结构在电压的作用下，电极间产生空间电场，并且都是极不均匀电场。在空间电场场强达到一定的强度时，人体体表场强约为240kV/m时，人体即有"微风感"，这一人体对电场感知的临界值，被公认为人体皮肤对表面局部场强的电场感知临界值。

1.3.3　作业过程中的过电压

不停电作业过程中，作业人员除了受正常工作电压的作用外，还可能遇到内部过电压和雷击过电压。内部过电压又可分为操作过电压和暂时过电压。

1. 操作过电压

操作过电压的特点是幅值较高、持续时间短、衰减快。电力系统中常见的操作过电压有间歇电弧接地过电压、开断电感性负载（空载变压器、电抗器、电动机等）过电压、开断电容性负载（空载线路、电容器等）过电压、空载线路合闸（包括重合闸）过电压以及系统解列过电压等。操作过电压的大小一般在3.5倍相电压范围内，是确定不停电作业安全距离的主要依据。

2. 暂时过电压

暂时过电压包括工频电压升高和谐振过电压。工频电压升高的幅值不大，但持续时间较长，能量较大，是不停电作业绝缘工具泄露距离整定的一个重要依据。造成工频电压升高的原因主要为不对称接地故障、发电机突然甩负荷、空载长线路的电容效应等。不对称接地故障是线路最常见的故障形式，在中性点不接地系统中，非接地相电压升高至线电压。常见的谐振过电压方式有参数谐振、非全相拉合闸谐振、断线谐振等。谐振过电压一般不会大于3倍相电压，但持续时间较长，会严重影响系统安全运行。

系统出现过电压时，可能从空气间隙、绝缘工具、绝缘子三个渠道上威胁作业人员的安全。从空气渠道上，过电压有可能造成带电体与作业人员间空气间隙发生放电；从绝缘工具渠道上，过电压会造成绝缘工具的沿面闪络或整体击穿；从绝缘子渠道上，过电压有可能通过作业人员附近的不良或外表脏污的绝缘子发生放电。为避免过电压带来的威胁，不停电作业必须同时满足安全距离和安全有效绝缘长度等要求。

1.3.4　配电不停电作业的防护

为了保护作业人员作业过程中不受伤害，应采取以下措施：

（1）减少作用于人体的电压。不停电作业时应退出线路重合闸，禁止在有雷电情况下进行不停电作业，避免不停电作业中过电压（前者为开关连续开断、合闸而产生的操作过电压，后者为大气过电压）对不停电作业的安全造成影响。

（2）增大触电回路的阻抗。作业人员应穿戴全套绝缘防护用具，使用性能良好、试验合格的绝缘工器具，增加回路阻抗，有效限制泄漏电流。

（3）保持足够的安全距离。不停电作业过程中，作业人员应与未经绝缘遮蔽或绝缘隔离的带电体、地电位构件保持0.4m的安全距离；在一相上作业时，同时注意与邻相带电体保持 0.6m，与地电位构件保持 0.4m 的安全距离；不停电作业过程中，身体部位不可同时接触不同电位的物体。

1.4 配电不停电作业基本要求

不停电作业在配网检修作业中具有一定特殊性，需要满足很多要求，以下从作业环境、人员资质、安全间距 3 个最基本因素进行阐述。

1.4.1 作业环境

不停电作业应在良好天气下进行，如遇雷（听见雷声，看见闪电）、雹、雨、雪、雾等天气，不得进行不停电作业。风力大于 5 级（10m/s）时，一般不宜进行作业。当湿度大于 80% 时，如果进行不停电作业，应使用防潮绝缘工具。在特殊情况下，必须在恶劣天气进行不停电抢修时，应针对现场气候和工作条件，组织相关人员充分讨论并编制必要的安全措施，经本单位分管生产领导（总工程师）批准后方可进行。

不停电作业过程中如遇天气突变，有可能危及人身或设备安全时，应立即停止工作。在保证人身安全的情况下，尽快恢复设备正常状况，或采取其他安全措施。

1.4.2 人员资质

配电不停电作业人员应身体健康，无妨碍作业的生理和心理障碍。作业人员应具有电工原理和电力线路的基础知识，掌握配电不停电作业的基本原理和操作方法，熟悉作业工器具的适用范围和使用方法。通过专责培训机构的理论、操作培训，考试合格并具有上岗证。

熟悉《国家电网公司电力安全工作规程》和《配电线路带电作业技术导则》（GB/T 18857—2008）熟悉配电线路装置标准，应会紧急救护法，特别是触电解救。

工作负责人（包括安全监护人）应具有 3 年以上的配电不停电作业实际工作经验，熟悉设备状况，具有一定的组织能力和事故处理能力，经专门培训，考试合格并具有上岗证，并经本单位总工程师或主管生产的领导批准。

1.4.3 安全距离

为了保证人身安全，作业人员与不同电位物体之间所应保持的各种最小空气间隙距离总称为安全距离。不停电作业时，安全距离的控制与作业人员的习惯、技术动作、站位、作业路径、个人安全意识等有关。安全距离包含最小安全距离、最小对地安全距离、最小相间安全距离、最小安全作业距离和最小组合间隙。配电线路不停电作业的各种安全距离见表 1-3。

表 1-3　　　　　　　　　配电线路不停电作业的各种安全距离

电压等级/kV	最小安全距离/m	最小对地安全距离/m	最小相间安全距离/m	最小安全作业距离/m
10	0.4	0.4	0.6	0.7
20	0.5	0.5	0.7	1.0

注　此表数据均在海拔 1000m 以下，如海拔超过 1000m，则应进行校正。

1. 最小安全距离

最小安全距离是为了保证人身安全，地电位作业人员与带电体之间应保持的最小空气距离。在这个安全距离下，不停电作业时，在操作过电压下不发生放电，并有足够的安全裕度。

2. 最小对地安全距离

最小对地安全距离是为了保证人身安全，中间电位作业人员与周围接地体之间应保持的最小距离。中间电位作业人员对地的安全距离等于地电位作业人员对带电体的最小安全距离。

3. 最小相间安全距离

最小相间安全距离是为了保证人身安全，中间电位作业人员与邻相带电体之间应保持的最小距离。

4. 最小安全作业距离

最小安全作业距离是在带电线路杆塔上进行不（直接或间接）接触带电体的（如使用第二种工作票的）工作时，为了保证人身安全，考虑到工作中必要的活动，作业人员在作业过程中与带电体之间应保持的最小距离。作业时能维持的作业距离取决于作业人员的姿态、作业时间的长短、作业人员的自控能力和身体某些关键部位的活动范围。除了这些主观因素外，客观上还取决于监护人的不断观察和提醒、隔离措施的有效性等。

5. 最小组合间隙

最小组合间隙是为了保证人身安全，在组合间隙中的作业人员处于最低的50%操作冲击放电电压位置时，人体对接地体与对带电体两者应保持的距离之和。例如，作业人员进行绝缘手套作业时，工作人员站在高架绝缘斗臂车的绝缘斗内或绝缘平台上通过绝缘手套接触带电体，此时人体处在一悬浮电位即"中间电位"，带电体对地之间的电压由绝缘材料和人体对带电体（手套厚度）与人体对大地或接地体的组合间隙共同承受。

6. 绝缘工具有效绝缘长度

有效绝缘长度是指绝缘工具在使用过程中遇到各类最大过电压不发生闪络、击穿，并有足够安全裕度的绝缘尺寸，是在不停电作业工具设计和使用时的一项重要技术指标。有效绝缘长度按绝缘工具使用中的电场纵向长度计算，并扣除金属部件的长度。有效绝缘长度的绝缘水平由固体绝缘的性能和周围空气的绝缘性能决定。

配电线路带电作业用的绝缘操作杆、绝缘承力工具和绝缘绳索的绝缘有效长度不得小于表1-4所列数据。

表1-4 绝缘工具有效绝缘长度

电压等级/kV	有效绝缘长度/m	
	绝缘操作杆	绝缘承力工具、绝缘绳索
10	0.7	0.4
20	0.8	0.5

一般10kV配电不停电作业中使用的绝缘操作杆要求有效长度不小于0.7m，支杆和拉（吊）杆有效长度不小于0.4m，作业时不停电作业绝缘斗臂车大臂伸出不小于1m。

第 2 章 配电不停电作业方法及原理

2.1 配电不停电作业按电位分类及说明

按作业人员的自身电位来划分，配电不停电作业可分为地电位作业、中间电位作业两种方式，配电不停电作业不得进行等电位作业。

2.1.1 地电位作业

地电位作业是作业人员人体与大地（或杆塔）保持同一电位，通过绝缘工具接触带电体的作业。这时人体与带电体的关系是：大地（杆塔）、人→绝缘工具→带电体。

作业人员位于地面或杆塔上，人体电位与大地（杆塔）保持同一电位。此时通过人体的电流有两条回路：①带电体→绝缘操作杆（或其他工具）→人体→大地，构成电阻回路；②带电体→空气间隙→人体→大地，构成电容电流回路。这两个回路电流都经过人体流入大地（杆塔）。严格地说，不仅在工作相导线与人体之间存在电容电流，另两相导线与人体之间也存在电容电流。但电容电流与空气间隙的大小有关，距离越远，电容电流越小。地电位作业的位置示意图及等效电路如图 2-1 所示。

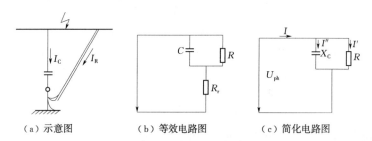

（a）示意图 （b）等效电路图 （c）简化电路图

图 2-1 地电位作业的位置示意图及等效电路

所以在分析中可以忽略另两相导线的作用，或者把电容电流作为一个等效的参数来考虑。由于人体电阻远小于绝缘工具的电阻，即 $R_r \ll R$，人体电阻 R_r 也远远小于人体与导线之间的容抗，即 $R_r \ll X_{co}$，因此在分析流入人体的电流时，人体电阻可忽略不计。则流过人体的阻性电流为

$$I = U_{ph}/R$$

不停电作业所用的环氧树脂类绝缘材料的电阻率很高，如 3640 型绝缘管材的体积电阻率在常态下均大于 $10^{12}\ \Omega \cdot cm$，制作成的工具，其绝缘电阻均在 $10^{10} \sim 10^{12}\ \Omega$。对于 10kV 配电线路，阻性泄漏电流 $I = 5.77 \times 10^3 / 10^{10} \approx 0.6\ (\mu A)$，泄漏电流仅为微安级。

地电位作业时，当人体与带电体保持安全距离时，人与带电体之间的电容约为$C=2.2\times10^{-12}\sim4.4\times10^{-12}$F，其容性泄漏电流$I=\omega Cu=314\times2.2\times10^{-12}\times5.77\times10^{3}\approx4$（$\mu$A）。

以上分析计算说明，在应用地电位作业方式时，只要人体与带电体保持足够的安全距离，且采用绝缘性能良好的工具进行作业，通过工具的泄漏电流和电容电流都非常小（微安级），这样小的电流对人体毫无影响。因此，足以保证作业人员的安全。

但是必须指出的是，绝缘工具的性能直接关系到作业人员的安全，如果绝缘工具表面脏污，或者内外表面受潮，泄漏电流将急剧增加。当增加到人体的感知电流以上时，就会出现麻电甚至触电事故。因此在使用时应保持工具表面干燥清洁，并注意妥善保管，防止受潮。

2.1.2 中间电位作业

中间电位作业时，人体的电位是介于地电位和带电体电位之间的某一悬浮电位，它要求作业人员既要保持对带电体有一定的距离，又要保持对地有一定的距离。这时，人体与带电体的关系是：大地（杆塔）→绝缘体→人体→绝缘工具→带电体。作业人员站在绝缘斗臂车或绝缘平台上进行的作业即属中间电位作业，此时人体电位是低于导电体电位、高于地电位的某一悬浮的中间电位。

采用中间电位法作业时，人体与导线之间构成一个电容C_1，人体与地（杆塔）之间构成另一个电容C_2，绝缘手套或绝缘杆的电阻为R_1，绝缘斗臂车或绝缘平台的绝缘电阻为R_2。中间电位作业的位置示意图及等效电路如图2-2所示。

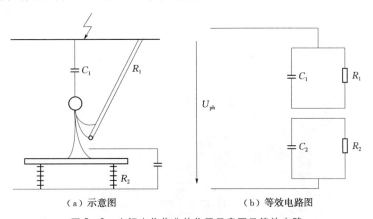

（a）示意图　　　　　　　　（b）等效电路图

图2-2　中间电位作业的位置示意图及等效电路

作业人员通过两部分绝缘体分别与接地体和带电体隔开，这两部分绝缘体共同起着限制流经人体电流的作用，同时组合空气间隙防止带电体通过人体对接地体发生放电。组合间隙由两段空气间隙组成。

一般来说，只要绝缘手套、操作工具和绝缘平台的绝缘水平满足规定，由R_1和R_2组成的绝缘体即可将泄漏电流限制到微安级水平。只要两段空气间隙达到规定的作业间隙，由C_1和C_2组成的电容回路也可将通过人体的电容电流限制到微安级水平。

需要指出的是，在采用中间电位法作业时，带电体对地电压由组合间隙共同承受，人体电位是一悬浮电位，与带电体和接地体有电位差，在作业过程中应注意以下两点：

（1）地面作业人员不允许直接用手向中间电位作业人员传递物品。若直接接触或传递金属工具，由于二者之间的电位差，将可能出现静电电击现象；若地面作业人员直接接触中间电位作业人员，相当于短接了绝缘平台，使绝缘平台的电阻 R_2 和人与地之间的电容 C_2 趋于零，不仅可能使泄漏电流急剧增大，而且因组合间隙变为单间隙，有可能发生空气间隙击穿，导致作业人员电击伤亡。

（2）全套个人绝缘防护用具、绝缘平台和绝缘杆应定期进行试验，保持良好的绝缘性能，其有效绝缘长度应满足相应电压等级规定的要求。

2.2 配电不停电作业按使用工器具分类及说明

根据作业人员采用的绝缘工具来划分配电不停电作业方式可分为绝缘杆作业法、绝缘手套作业法。

2.2.1 绝缘杆作业法

绝缘杆作业法是与带电体保持足够的安全距离，使用各种绝缘工器具对带电设备进行检修的作业。

作业人员可以使用脚扣、升降板、绝缘平台等设备在电杆上进行绝缘杆作业。在作业范围狭小或线路多回架设，作业人员有可能触及不同电位的电力设施时，作业人员应穿戴绝缘防护用具，并对带电体进行绝缘遮蔽。绝缘防护用具一般至少包括绝缘手套、绝缘安全帽和绝缘靴。以作业人员的承载设备为出发点，可将绝缘杆作业法简单划分为直接登杆绝缘杆作业法（地电位作业）和绝缘平台绝缘杆作业法，如图2-3所示。

图2-3 绝缘杆作业法

不停电作业中使用的环氧树脂类绝缘材料的电阻率比较高，制成的绝缘工器具电阻一般可以达到 $10^{12}\Omega$ 以上。绝缘杆作业法不停电作业时只要人体与带电体保持足够的安全距离，使用绝缘性能良好的绝缘工具进行作业，通过人体的泄露电流和电容电流都很小，威胁不到作业人员的安全。绝缘工器具必须保持干燥整洁，一旦表面脏污，有汗水、盐分的存在，或者绝缘严重受潮，则泄露电流就会大大增加，就可能威胁到作业人员的人身安全，所以必须妥善保管。

2.2.2　绝缘手套作业法

绝缘手套作业法是作业人员站在高架绝缘斗臂车绝缘斗中或绝缘平台上，戴上绝缘手套接触带电体进行作业。采用绝缘手套作业法时，作业人员必须使用全套个人防护用具，即绝缘帽、绝缘手套、绝缘服或绝缘披肩、绝缘鞋、护目镜及绝缘安全带。高架绝缘斗臂车或绝缘平台作为带电导体与大地间的主绝缘，绝缘手套、绝缘服、绝缘鞋等个人防护用具作为辅助绝缘。绝缘手套作业法如图 2-4 所示。

图 2-4　绝缘手套作业法

绝缘手套作业法作业人员在装置附近作业时，应注意其他触电回路，如横担→人体→带电导体，带电导体→人体→邻相带电导体等。在这些触电回路中，除了对地电位物件和带电导体进行绝缘遮蔽隔离外，人体还应对非接触的导体或构件保持一定的安全距离。此时，绝缘斗臂车已起不到主绝缘保护作用，取而代之的是空气间隙。由于作业中空气间隙也不一定能保持固定，个人绝缘防护用具就显得尤为重要。对于已设置的绝缘遮蔽措施，作业中禁止人员长期接触，只能允许偶然性的擦过接触，并且禁止接触绝缘遮蔽措施以外的部分，如边沿部分。

1. 绝缘斗臂车

高架绝缘斗臂车是不停电作业的一种专用车辆。载人绝缘斗安装在可以伸缩的绝缘臂上，绝缘臂又装在一个可以旋转的水平台上。悬臂由单根或双根液压缸支持，可以在铅垂面内改变角度，可平行于电线或电杆做水平或垂直移动。高架绝缘斗臂车的绝缘臂具有质量轻、机械强度高、绝缘性能好、憎水性强等特点，在不停电作业时为人体提供相对地之间的主绝缘防护。绝缘斗具有高电气绝缘强度，与绝缘臂一起组成相对地的纵向绝缘。

2. 绝缘平台

配电线路的许多杆塔，绝缘斗臂车无法到达，许多单位因地制宜地设计了能够灵活旋转的绝缘平台。作业时，绝缘平台起着相对地之间的主绝缘作用。在被检修相或设备上作业之前，必须穿戴全套绝缘防护用具对相邻带电体及邻近地电位物体进行绝缘遮蔽或隔离。绝缘手套外应再套上防磨或防刺穿的防护手套（羊皮手套）。

绝缘平台所用材料是以玻璃纤维和环氧树脂为主要材料而拉挤成型的玻璃钢矩形中空结构型材，型材抗弯性、抗扭曲变形符合国家标准。绝缘平台结构型材受力均匀合理，整体连接可靠稳固。根据安置形式，绝缘平台可分为抱杆式绝缘平台和落地式绝缘平台。抱杆式绝缘平台以其部件少、安装简便、使用灵活，最为常见。

（1）抱杆式绝缘平台。由安装平台、绝缘子支柱、连接平台固定连接成一体。平台支架由螺栓固定，连接于平台连接座架的上、下端，平台连接座架上端分别由一链条滚轴轮装置及一刹车保险装置可转动地支撑于电杆上，并锁紧其对电杆的固定；平台连接座架下端固定安装于可转动钢箍，可转动钢箍可滑动地置于紧固电杆上的固定钢箍托架上。抱杆式绝缘平台装置可旋转360°安装，空中的作业范围大、安全可靠，不受交通和地形条件限制。抱杆式绝缘平台如图2-5所示，在其上作业如图2-6所示。

图2-5 抱杆式绝缘平台

图2-6 在抱杆式绝缘平台上作业

（2）落地式绝缘平台。包括底座、连接支架、作业平台、升降装置以及升降传动系统，其特征在于升降装置由不少于两节的套接式矩形绝缘框架构成，各节绝缘框架间置有提升连接带，安装在底座内的升降传动系统的丝杠与蜗轮、蜗杆减速器和电动机依次连接。通过对传动机构的简化以及将整体压缩在底座内，使设备结构简单、体积小、制造成本低，又将平台的升降装置做成绝缘，实现了平台在升降过程中的绝对安全性。在落地式绝缘平台上作业如图2-7所示。

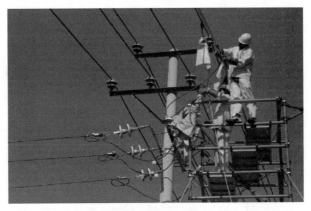

图2-7　在落地式绝缘平台上作业

第3章 配电不停电作业工器具

3.1 配电不停电作业工器具高压绝缘的基本原理

电气绝缘材料又称电介质，它在直流电压或交流电压的作用下只有极微小的电流通过。绝缘材料的主要作用是用来隔离带电的或不同电位的导体。对一定结构的绝缘材料和工具，可以大致分为绝缘材料内部的内绝缘和绝缘材料表面形成的外绝缘两部分。

在外电场作用下，绝缘材料会发生电导、极化、损耗、击穿等物理化学过程。绝缘材料的电气绝缘性能主要包括绝缘电阻、介质损耗、相对介电系数、击穿电压（或击穿场强）与闪络电压等。

3.1.1 绝缘电阻和电阻率

绝缘材料并非是绝对不导电的材料，当对绝缘材料施加一定的电压后，绝缘材料中就会流过极其微弱的泄漏电流，根据欧姆定律电压（U）与泄漏电流（I）之比即是绝缘材料的绝缘电阻（R_i），即 $R_i = U/I$。绝缘电阻 R_i 由体积电阻 R_v 和表面电阻 R_s 并联组成。体积电阻 R_v 是指外施直流电压与通过绝缘材料内部的泄漏电流 I_v 之比；表面电阻 R_s 是指外施直流电压与通过绝缘材料表面的泄漏电流 I_s 之比。等值电路如图3-1所示。

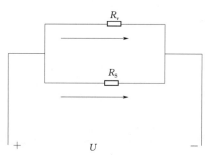

图3-1 绝缘材料绝缘电阻等值电路

所以，绝缘电阻 R_i 为

$$R_i = \frac{R_v R_s}{R_v + R_s}$$

使用体积电阻率（ρ_v）和表面电阻率（ρ_s）可以更好地表征固体绝缘材料的绝缘特性。

$$R_v = \rho_v \frac{L}{S}$$

$$R_s = \rho_s \frac{L}{l}$$

式中　L——绝缘体长度；

　　　S——绝缘体截面积；

　　　l——绝缘体截面周长。

良好的固体绝缘材料的 ρ_v 和 ρ_s 是很大的，如 3240 环氧酚醛层压玻璃布板的 ρ_v 可达 $10^{11}\Omega\cdot m$，ρ_s 可达 $10^{13}\Omega\cdot m$。环境湿度、温度、脏污等对 ρ_v 和 ρ_s 有明显的不利影响，所以在绝缘材料和工具的生产、运输、保管、使用时应特别注意。

3.1.2　泄漏电流

在外施电压作用下，流过绝缘材料的电流称为泄漏电流，泄漏电流越小，则绝缘材料的质量和性能越好。当绝缘工器具表面脏污、受潮、开裂等会使泄漏电流增大，影响到不停电作业的安全。

3.1.3　电气强度

绝缘材料发生击穿时的外施电压称为击穿电压（U_b）。单位长度的绝缘材料的击穿电压即是该绝缘材料的电气强度（E_b），是表征绝缘材料电气性能的重要指标。

3.1.4　沿面放电和闪络

当电压超过一定临界值时，在固体介质和空气的交界面上会出现沿绝缘表面放电的现象，称为沿面放电。当扩展到贯穿性的放电现象时称为沿面闪络，此时的外施电压称为闪络电压。等距离空气间隙和绝缘工具做电气试验，闪络电压比空气放电电压要低 6％～10％。所以绝缘杆的有效绝缘长度要比（空气间隙）安全距离大。另外当绝缘工器具表面脏污、受潮、开裂等会使沿面闪络电压大大降低，影响到不停电作业的安全，所以工器具应保持清洁、干燥、表面完整，作业时要保持比安全距离更大的有效绝缘长度。

3.2　配电不停电作业工器具分类及使用方法介绍

不停电作业的工器具有防护用具、使用工具。

防护用具也可分为两类：一类为个人绝缘防护用具；另一类为绝缘遮蔽用具。

使用工具主要分为两类：一类为绝缘工具，绝缘工具又分为硬质绝缘工具、软质绝缘工具；另一类为金属工具。

3.2.1　个人绝缘防护用具

进行带电设备的作业时，作业人员应穿戴合格的绝缘防护用具（绝缘服或绝缘披肩、绝缘裤、绝缘袖套、绝缘手套、绝缘鞋、绝缘安全帽等，如图 3-2 所示），使用的安全带、安全帽应有良好的绝缘性能，带电断、接引线作业应戴护目镜，不停电作业过程中禁止摘下个人防护用具。

注意事项：绝缘手套外应用防穿刺的羊皮手套，绝缘手套应穿戴在绝缘服或绝缘披肩、绝缘袖套外面。

图 3-2　个人防护用具穿戴演示

（1）绝缘安全帽。采用高强度塑料或玻璃钢等绝缘材料制作。具有较轻的重量、较好的抗机械冲击特性、较强的电气性能，并有阻燃特性。绝缘安全帽如图 3-3 所示。

注意事项：工作开始前，应检查绝缘安全帽外观是否良好，确认在试验周期范围之内。

（2）绝缘手套。用合成橡胶或天然橡胶制成，其形状为分指式。绝缘手套被认为是保证配电线路不停电作业安全的最后一道保障，在作业过程中必须使用绝缘手套。绝缘手套如图 3-4 所示。

图 3-3　绝缘安全帽

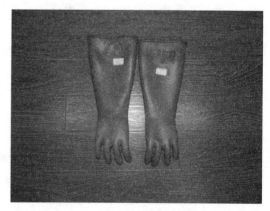

图 3-4　绝缘手套

注意事项：工作开始前，应检查绝缘手套外观是否良好，并进行充气检查，确认在试验周期范围之内。

（3）绝缘靴。用合成橡胶或天然橡胶制成，是保证配电线路不停电作业安全的重要手段，在不停电立杆，绝缘平台，等工作中使用。绝缘靴如图 3-5 所示。

注意事项：工作开始前，应检查绝缘靴外观是否良好，确认在试验周期范围之内。

（4）绝缘服、绝缘披肩、绝缘裤。一般采用多层材料制作。其外表层为憎水性强、防潮性能好、沿面闪络电压高、泄漏电流小的材料；内衬由憎水性强、柔软性好、层向击穿电压高、服用性能好的材料制作。绝缘服、绝缘披肩和绝缘裤如图3-6～图3-8所示。

图3-5 绝缘靴

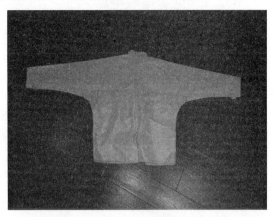

图3-6 绝缘服

图3-7 绝缘披肩

图3-8 绝缘裤

注意事项：工作开始前，应检查绝缘服、绝缘披肩和绝缘裤外观是否良好，确认在试验周期范围之内。

个人绝缘防护用具按电气性能分为0级、1级、2级、3级（3级的产品很不齐备），分别适用于不同的电压等级，见表3-1。

表3-1   适用于不同电压等级的个人绝缘防护用具

级别	交流电压/V
0	380
1	3000
2	10000（6000）
3	20000

目前，除绝缘手套有3级的产品外，其他如绝缘衣最高级别为2级，且2级的产品包含2种标称电压，购买时应充分注意。绝缘帽和绝缘靴在有关标准中产品不分级别。

3.2.2 绝缘遮蔽用具

绝缘遮蔽用具包括各类硬质和软质遮蔽罩等。在配电线路不停电作业安全距离不足时，由一组同一电压等级的不同类型遮蔽罩联结组合在一起，遮蔽或隔离带电导体或不带电导体，形成一个连续扩展的绝缘遮蔽保护区域。绝缘遮蔽与隔离是配电线路不停电作业的一项重要安全防护措施，所以也有人将配电线路不停电作业称为"绝缘隔离不停电作业"，从而与使用"屏蔽服"的输电线路不停电作业相区别。绝缘遮蔽用具不起主绝缘保护的作用，只适用于在不停电作业人员发生意外短暂碰触时，即擦过接触时，起绝缘遮蔽或隔离的辅助绝缘保护作用。

1. 类型

绝缘遮蔽用具根据不同用途，可以分为不同的类型，主要有以下 9 种类型：

（1）导线遮蔽罩（又称导线的绝缘软管）。如图 3-9 所示，用于架空导线进行绝缘遮蔽的套管式护罩。

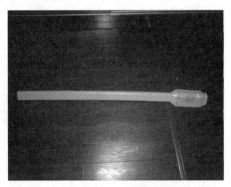

图 3-9　导线遮蔽罩

（2）耐张装置遮蔽罩。如图 3-10 所示，用于对耐张绝缘子进行绝缘遮蔽的护罩。

（3）针式绝缘子遮蔽罩。如图 3-11 所示，用于对针式绝缘子进行绝缘遮蔽的护罩，该遮蔽罩同样适用于棒式支持绝缘子。

图 3-10　耐张装置遮蔽罩　　　　　　　图 3-11　针式绝缘子遮蔽罩

（4）横担遮蔽罩。如图 3-12 所示，用于对铁、木横担进行绝缘遮蔽的护罩。

（5）电杆遮蔽罩。如图 3-13 所示，用于对电杆或其头部进行绝缘遮蔽的护罩。

图 3-12 横担遮蔽罩

图 3-13 电杆遮蔽罩

（6）跌落式熔断器遮蔽罩。如图 3-14 所示，用于对跌落式熔断器（包括其接线端子）进行绝缘遮蔽的护罩。

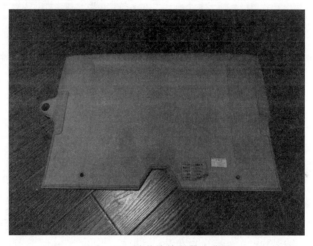

图 3-14 跌落式熔断器遮蔽罩

（7）隔板（又称挡板）。如图 3-15 所示，用于隔离带电部件、限制不停电作业人员活动范围的硬质绝缘平板护罩。

图 3-15 隔板

（8）绝缘布（又称绝缘毯）。如图 3－16 所示，用于包缠各类带电或不带电导体部件的软形绝缘护罩。绝缘毯之间应有 15cm 的重叠。

图 3－16　绝缘毯

2. 绝缘遮蔽用具的适用注意事项

在配电线路上进行不停电作业时，安全距离即空气间隙小是主要的制约因素，在人体和带电体或带电体与地电位物体间安装一层绝缘遮蔽罩或挡板，可以弥补空气间隙的不足。因为遮蔽罩或挡板与空气组合形成组合绝缘，延伸了气体的放电路径，因此可以提高放电电压值。这种措施虽然可以提高放电电压，但提高的幅度是有限的，应注意以下几点：

（1）作业前应选择相应电压等级的遮蔽罩。目前 10kV 的遮蔽罩按电气性能为 2 级，用于 10kV 电压等级的绝缘隔板厚度不应小于 3mm。

（2）它不起主绝缘作用，但允许"擦过接触"，主要还是限制人体活动范围。

（3）应与个人绝缘防护用具并用。

绝缘遮蔽罩本身有它自身的保护有效区，即在模拟使用状态下，施加一定的试验电压时，既不产生闪络，也不击穿其外表面。在带电作业时，如作业人员接触与带电体直接接触的遮蔽罩的边沿部分是有可能发生沿面闪络的，所以不可以接触遮蔽罩的非保护有效区，即使是"擦过接触"。遮蔽罩的保护有效区应有明晰的标志。

作业中各遮蔽罩起的主要作用可能有所区别，例如，设置在导线上的导线遮蔽罩，起到弥补不停电作业时空气间隙不足的作用；而在运行线路的杆塔上工作，如安装 10kV 分支横担（分支横担安装的部位一般是在运行线路横担下方 0.8m 处）时最小安全作业距离可能小于 0.7m，安装分支横担前在上横担下方 0.4m 左右设置绝缘隔板起到限制人体活动范围的作用。

3.2.3　硬质绝缘工具

按照不同的用途，经常将绝缘杆分为操作杆、支杆和拉（吊）杆三类。

1. 操作杆

操作杆是在不停电作业时，作业人员手持其末端，用前端接触带电体进行操作的绝缘工具，如图 3-17 所示。

图 3-17　操作杆

2. 支杆

支杆是在不停电作业中，支杆两端分别固定在带电体和接地体（或构架、杆塔）上，以安全可靠地支撑带电体荷重的绝缘工具，如图 3-18 所示。

图 3-18　支杆

3. 拉（吊）杆

拉（吊）杆是在不停电作业过程中，与牵引工具连接并安全可靠地承受带电体荷重的绝缘工具，如图 3-19 所示。

图 3-19　拉（吊）杆

绝缘杆的最小有效长度是按目前不停电作业中绝缘配合的要求确定的。在各电压等级下，不停电作业用绝缘杆最短有效长度已由《电力安全工作规程（电力线路部分）》（国家电网公司，中国电力出版社，2009）作出具体规定，其要求见表 3-2。

表 3-2　　　　　　　　　　　　绝缘工具最小有效绝缘长度

电压等级/kV	有效绝缘长度/m	
	绝缘操作杆	绝缘承力工具、绝缘绳索
10	0.7	0.4

3.2.4　软质绝缘工具

软质绝缘工具主要指以绝缘绳为主绝缘材料制成的工具，包括吊运工具、承力工具等。常见的有人身绝缘保险绳、导线绝缘保险绳、绝缘测距杆、千斤绳套、绝缘软梯等。带电作业不得使用非绝缘绳（如棉纱绳、白棕绳、钢丝绳等）。

绝缘绳是广泛应用于不停电作业的绝缘材料之一，可用作运载工具、攀登工具、吊拉绳、连接套及保安绳等。以绝缘绳为主绝缘部件制成的工具为软质绝缘工具。软质绝缘工具具有灵活、简便、便于携带、适于现场作业等特点，不少软质绝缘工具具有我国不停电作业的独有特色。目前，不停电作业常用的绝缘绳主要有蚕丝绳、锦纶绳等，其中以蚕丝绳应用得最为普遍。

蚕丝在干燥状态时是良好的电气绝缘材料，电阻率约为（1.5～5）×$10^{11}\Omega$/cm，但随着吸湿程度的增加，电阻率将明显下降。由于蚕丝的丝胶具有亲水性及丝纤维具有多孔性，因而蚕丝具有很强的吸湿性，当蚕丝作为绝缘材料使用时，应特别注意避免受潮。试验表明，绝缘绳受潮后，泄漏电流急剧增加，闪络电压显著降低，绳索发热甚至燃烧起火。据调查，我国不停电作业中已多次发生绝缘绳湿闪及烧断事故。

在环境湿度较大情况下进行不停电作业，必须使用防潮型绝缘绳。其防水、防潮要求能够满足 168h 持续高湿度下工频泄漏电流试验、浸水后工频泄漏电流试验、淋雨工频闪络电压试验的要求。另外，为考核使用后的防潮性能，又增加了 50％断裂负荷、漂洗、磨损后 168h 高湿度下工频泄漏电流试验。从试验结果来看，与常规型绝缘绳相比较，高湿度下工频泄漏电流显著减小，淋雨闪络电压大幅度提高，在浸水后仍可保持良好的绝缘性能。但需要指出的是：防潮型绝缘绳在浸水、淋雨状态下有较好的绝缘性能，但这并不意味着绝缘绳可直接用于雨天作业。防潮型绝缘绳主要是为了解决常规型遇潮状态下绝缘性能急速下降的缺点，增强绝缘绳在现场作业时遇潮、突然降雨等状况下的绝缘能力，从而提高不停电作业的安全性。无论哪一种绝缘绳，应尽量在晴朗、干燥气候下使用。

绝缘绳如图 3-20 所示。

图 3-20　绝缘绳

3.3　配电不停电作业高架绝缘斗臂车

高架绝缘斗臂车是一种特殊的不停电作业工具，既是配电线路不停电作业人员进入不停电作业区域的承载工具，又是不停电作业时相对地之间的纵向主绝缘设备。

3.3.1　高架绝缘斗臂车分类及选型

高架绝缘斗臂车工作臂主要有折叠臂式、直接伸缩绝缘臂式、折叠伸缩混合式 3 种类型。用于 10kV 配电线路不停电作业用的绝缘斗臂车高度通常为 16～20m。对选用绝缘斗臂车应按照实际的线路装置进行选择，对杆高 15m 及以下的应选用 16m 及以下的绝缘斗臂车，对杆高 15m 以上的应选用 16m 以上的绝缘斗臂车，作业过程中应保证绝缘臂的有效长度。绝缘臂如图 3-21 所示。

高架绝缘斗臂车从支腿型式可分 A 形腿和 H 形腿。A 形腿易损伤路面，作业范围较

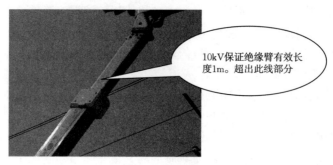

10kV保证绝缘臂有效长度1m。超出此线部分

图3-21 绝缘臂

大，不太适合市区作业。H形腿不损伤路面，而且可分级伸缩，更便于在狭小场地作业。

3.3.2 高架绝缘斗臂车的基本结构

高架绝缘斗臂车主要有油压发生装置，支腿装置，工作臂回转、升降及伸缩装置，是应用了绝缘材料制作的绝缘斗、工作臂、液压系统、控制系统的使整车能满足一定绝缘性能要求的高空作业车。

1. 油压发生装置

油压发生装置由取力器（PTO）、传动轴及油泵等部分组成。取力器是将发动机的动力通过变速箱传至油泵使之发生液压动力的装置。

2. 支腿装置

支腿装置由副大梁的水平支腿内外框、垂直支腿、油缸组成。在垂直支腿、油缸上装有双向液压锁，用于液压软管破损时，防止油缸自动回缩。作业时必须撑起支腿，保证上部工作稳定安全。

3. 工作臂回转、升降及伸缩装置

高架绝缘斗臂车的工作臂采用玻璃纤维增强型环氧树脂材料制成，绕制成圆柱形或矩形截面结构，具有重量轻、机械强度高、绝缘性能好、憎水性强等优点。工作臂回转装置由液压电机、回转减速器、中心回转体、回转支承及转台等组成。油泵产生的液压动力带动液压电机转动，驱动回转减速机。回转减速机将液压电机的回转力经减速传递至小齿轮，使啮合在小齿轮上的回转承及转台旋转。工作臂的升降装置由油缸、平衡阀等组成。油缸靠液压动力作伸缩动作，使工作臂进行升降。平衡阀在液压软管破裂时，起到防止工作臂自然下降的作用。工作臂伸缩装置只用于直伸臂式绝缘斗臂车，由伸缩油缸、平衡阀、钢丝绳等组成。平衡阀在液压软管破裂时，起到防止工作臂自然下降的作用。

4. 绝缘斗装置

绝缘斗装置是由绝缘斗、摆动装置及绝缘斗平衡装置等组成。

（1）绝缘斗又称工作斗，有的为单层斗，有的为双层斗，可承载200kg。绝缘斗内工作人员不得超过2人，禁止超人、超载。绝缘斗具有高电气绝缘强度，双层斗的外层斗一般采用环氧玻璃钢制作，内层斗采用聚四氟乙烯材料制作。绝缘斗与绝缘臂一起组成相对地之间的纵向绝缘，使整车的泄漏电流小于$500\mu A$。

（2）绝缘斗摆动装置是由液压电机和蜗轮、蜗杆等构成。可在水平方向左右摆动。

（3）绝缘斗平衡装置有拉杆式平衡和油缸式平衡等形式。拉杆式平衡机构由拉杆、绝缘斗支架、花斗螺母等组成；油缸式平衡机构由绝缘斗平衡油缸、下部平衡油缸及连接软管等组成。

（4）绝缘斗的调平有手动和自动两种，可以通过该项操作取出内衬进行清洁或排除积水。

5. 安全装置

安全装置包括安全阀、上下臂升降安全装置、垂直支腿伸缩安全装置、安全带绳索挂钩、紧急停止操作杆、应急泵装置、互锁装置、作业范围限制装置以及水平仪等。

（1）安全阀，又称溢流阀。避免液压回路产生异常的升压，保护液压系统。

（2）上下臂升降安全装置。下臂升降安全装置（双向平衡阀）防止软管破损时，工作臂自然下降。上臂升降安全装置（平衡阀）防止软管破损时，工作臂自然下降。

（3）垂直支腿伸缩安全装置（双向液压阀）。防止软管破损时，垂直支腿自然下降。

（4）安全带绳索挂钩（安全绳索挂钩）。用于挂住安全带。

（5）紧急停止操作杆。紧急时，可以停止工作臂的动作。

（6）应急泵装置。主泵不能工作时，用于紧急降落。

（7）互锁装置。支腿未正确着地时，上部不能动作；工作臂未完全收回时，支腿不能动作。

（8）作业范围限制装置。限制工作臂在允许的作业范围内动作。

（9）水平仪。使整车调整处于水平状态示意，防止歪斜倾覆。

3.3.3　高架绝缘斗臂车的维护和保养

由于高架绝缘斗臂车是配电线路不停电作业直接作业法中保障生命安全的主绝缘保护设备和承载设备，所以各个部件应具有良好的性能。高架绝缘斗臂车必须有专人管理、维护和保养，实施日常、每周、定期检查，并做好相关记录。其中日常检查是每次工作前对斗臂车进行外观检查以及试操作（对斗臂车的机械、电气、绝缘等部分通过试操作的方式进行检查）；每周检查在车库或服务中心进行；定期检查的最大周期为1年，检查记录应保存3年。

绝缘斗、绝缘臂架等绝缘物件必须保持清洁、干燥，并应防止硬金属碰撞等造成机械损伤。禁止使用高压水冲洗电气及绝缘部分。检查各机构的连接螺栓是否有松动情况，并及时紧固。保持油箱液面高度，发现液面偏低及时按规定要求加油。及时消除由于油管老化或密封件老化而引起的渗漏油现象。使用中应经常注意各液压机件的工作状况，发现异常现象应及时找出原因并消除。高架绝缘斗臂车应存放在干燥通风的车库内，其绝缘部分应有防潮措施。

对斗臂车的修理、重新装配或更改应严格遵照制造厂商的建议或产品说明书。进行这类工作应该由经过培训具有修理资格的工作人员或在生产厂商派员进行指导之下完成。涉及绝缘部件、平衡系统或影响稳定性以及上装中机械的、液压系统或电气系统的完整性，则应做验收试验。

3.3.4 高架绝缘斗臂车使用

高架绝缘斗臂车操作人员必须由高度责任心、事业心和身体健康的工作人员担任，并应经过专项培训，熟悉斗臂车操作规程和相关注意事项，经上级部门考试合格批准后，方可上岗。

高架绝缘斗臂车应在相应电压等级的配电线路进行带电作业，严禁作为非不停电作业工作的其他用途使用。

在雷电、风力大于 5 级、大暴雨雪的恶劣天气应暂停使用。在黑暗及能见度低的大雾天气，必须增加照明，确保作业场地的照明，特别是绝缘斗臂车的操作装置部位，为防止误操作，应确保照明。

1. 现场停放

到达现场，高架绝缘斗臂车的停放位置应选择适当，挂好手刹车，变速杆处于空挡位置。然后启动发动机后，踩下离合器，将取力器操作手柄推至"合"的位置，此时应无异常声响。最后接通电源开关。天气寒冷时，在此状态下运转 5min。所谓停放位置选择适当，应满足作业范围和支腿支撑稳定可靠。

作业装置应在绝缘斗臂车的作业范围内，且在接触带电导体时，（伸缩式）绝缘臂的伸出长度应满足有效绝缘长度的要求。10kV 保证绝缘臂有效长度 1m。

支撑应稳定可靠。禁止设置在地沟盖板上，并有防倾覆措施，松软地面应在支腿下垫枕木或垫块。支腿垫板叠起来使用时，不可超过两块，厚度在 20cm 以内，要保证支腿垫放垫板后的稳定性。为了防止两块垫板的金属部分接触而打滑，两块垫板都要正面朝上，且错位 45°，如图 3-22 所示。

图 3-22 垫板的摆放

在有坡度的地面停放时，地面坡度不应大于 7°，且车头应向下坡方向停放，如图 3-23 所示。挂好手刹车后，在所有车轮的下坡一侧垫好车轮三角垫。收、放支腿支腿的顺序应正确（H 型支腿车辆的支腿顺序：操作控制杆使车辆的水平支腿尽量伸出后，先伸出前面两支垂直支腿，使其接触地面并受力，然后伸出后面两支垂直支腿并受力，可以逐级调节前、后支腿，要使每个支腿都能均衡支出或收回，不可单个或一侧的支腿先支出或收回，造成车辆过于倾斜和支腿油缸损坏；A 型支腿车辆的支腿顺序：应先伸前支腿，再伸后支腿，伸、缩垂直支腿时，收回时则按相反的顺序操作，保证车辆轮胎的有效制动）。

支腿支撑好后，车辆在前后左右方向都要保持基本处于水平，支腿操作完毕后，各操作杆应置于中间位置，检查水平仪（图 3-24）车辆处于厂家要求的范围内，前后左右处于水平位置，特别是道路有坡度的情况下，检查完毕后关好操作箱盖。

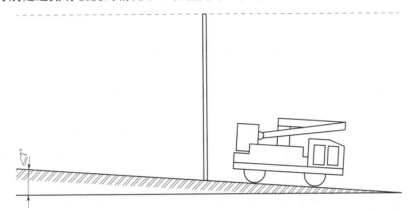

图 3-23　高架绝缘斗臂车坡地停放示意图

图 3-24　水平仪

　　支腿结束后，高架绝缘斗臂车的车体必须可靠接地（接地电阻值应为 10Ω 以下），能够防止静电感应或车辆绝缘不合格泄漏电流过大导致车体与大地存在电位差，而导致车体周围地面人员因接触电压触电造成伤害；避免泄漏电流对绝缘车油路系统造成影响。绝缘斗臂车接地装置应包含有车体连接装置、接地导线以及临时接地棒。车体连接装置应保证接地导线能与车体的金属部分有效接触；接地导线必须采用 16mm² 及以上截面的多股软铜线，软铜线外应有透明塑料护套，且接地时接地导线应通过夹钳与接地引下线有效连接。若工作地点杆塔无接地引下线时，可采用临时接地棒，接地棒的埋深不得小于 0.6m。

　　2. 现场检查

　　进入绝缘斗升空作业前，必须对高架绝缘斗臂车进行外观检查和试操作。对高架绝缘斗臂车的绝缘部分（绝缘斗、绝缘工作臂、副工作臂、临时托架等）进行外观检查，确认其干燥、清洁，无裂痕、磨损等现象。如有灰尘及水分附着，必须用柔软、干燥的布擦干净或自然晾干，有裂缝或破损时，应及时到就近维修厂修理。试操作必须"空斗"进行，应包括绝缘臂和绝缘斗的回转、升降、伸缩等操作过程，时间不少于 5min，通过看、听、嗅等手段确认高架绝缘斗臂车各部件无漏油现象，取力装置啮合到位、进退自如，液压系统工作正常、操作灵活、制动可靠。对于折叠式的高架绝缘斗臂车升起工作臂的操作顺序为"先上臂，后下臂"，收回工作臂的操作顺序为"先下臂，后上臂"。在工作臂收回的状态下，严禁操作回转。

3. 操作

作业人员对绝缘安全带进行外观检查和冲击试验合格后，戴好绝缘安全帽进入绝缘斗，并将绝缘安全带系在绝缘斗内的专用挂钩上。斗内作业人员应正确穿戴和使用全套个人绝缘防护用具。

作业人员应具有良好的精神状态，禁止过度疲劳或酒后作业，作业中应服从工作负责人的指挥。转移绝缘斗时应注意周围环境及操作速度，绝缘斗的升、降速度不应大于0.5m/s，绝缘臂回转机构回转时，绝缘斗外沿的线速度不应大于0.5m/s。逆操作要等动作停止后才能进行，靠向作业位置要谨慎。严禁在下臂水平、上臂与下臂夹角大于60°时的工况下进行作业。最高位置情况下严禁先放下臂。接近和离开带电体时，应由绝缘斗中人员操作，但下部操作人员不得离开操作台。下部操作人员应注意自己的位置：①禁止站在工作臂、绝缘斗、小吊的起吊物下（其他地面人员也应遵守）；②禁止直接站在操作台旁，防止绝缘臂回转过程中受到撞击从操作台跌落（具有专门供下部操作人员站立位置的操作台除外。这种操作台的站立位置周围具有护栏，且能跟随绝缘臂转台一起转动）。工作过程中，高架绝缘斗臂车发动机不应熄火。

不停电作业时，应确保作业车非绝缘部分与带电体有足够的安全距离（0.4m）；工作臂在升降回转过程中金属部件与带电体有足够的安全距离（1.0m）。禁止在斗内1号作业人员进行作业时，突然转移绝缘斗。同样，斗内1号作业人员必须在绝缘斗到达工作位置并静止后才能进行作业。作业时，不得用工作臂或绝缘斗推拉其他建筑物，也不得通过操作工作臂、用绝缘斗托起电线，前述错误操作可能引起车辆侧翻或损坏绝缘斗平衡装置。禁止绝缘斗内使用梯子、踏板、垫块等进行作业，防止踏板、垫块突然滑动导致作业人员从绝缘斗中摔落。不得从绝缘斗爬到其他建筑物上去。

4. 起吊作业

在带电更换柱上开关设备等作业时，应使用高架绝缘斗臂车的小吊装置。实际起吊重量与副臂的角度有关，即有一起重特性曲线设定的范围。禁止超出起重特性曲线设定的范围进行起重作业。应将小吊装置的副臂朝向工作臂侧（使用范围外）使用，副臂使用范围与转臂及绝缘斗位置无关，是在工作臂前端侧180°的范围。否则绝缘斗平衡装置上产生不正常牵拉作用引起装置的故障。在吊钩收藏的状态下，严禁操作吊钩"升"的动作，应确认吊钩已放下1.0m以上后方可操作。

起吊物品时，必须使用起重吊钩挂钩，不得直接用小吊缆绳捆住物品起吊。小吊缆绳不得与托架等的棱角部摩擦。禁止起重吊钩在有负荷的情况下"升、降"的同时，伸缩"伸缩臂"（伸缩式绝缘臂）或升降"上、下臂"（曲臂）。禁止起重吊钩横向拖拉、牵引、推拨等作业而导致车辆侧翻，包括拉线作业和起重不明重量的物体。禁止在工作臂或绝缘斗上安装吊钩及缆绳等用来起吊物品。

5. 行驶

行驶前，要将工作臂、绝缘斗、小吊、支腿等装置收回原始位置，各操纵杆必须复位到中立位置；操作开关箱盖关好盖紧。确认取力器处于脱开位置，电源指示灯熄灭。绝缘斗内不得载人或载物，在工具箱以外部位不得装载工具等物品，给绝缘斗加罩。行驶时应注意道路上方的高度限制。注意小吊、绝缘斗等不要碰到建筑物。由于绝缘斗臂车架装了高空作业装置，比一般车辆要重，重心也高，急刹车及急转弯时易引起翻车事故，应特别注意安全驾驶。

3.4　配电不停电作业工器具库房要求

不停电作业工作能否顺利实施和是否安全在很大程度上取决于工器具的绝缘性能和机械性能，使用中的绝缘工器具的性能跟工器具的保管、维护、运输、使用等环节密切相关，必须严格管理。

3.4.1　库房管理

1. 绝缘库房基本要求

10kV 不停电作业库房的面积在 $20\sim60m^2$，一般要求工具存放空间与活动空间的比例为 2∶1 左右。库房的内空高度宜大于 3.0m，若建筑高度难以满足时，一般应不低于2.7m。还应分区存放，并有区分标识说明，如电压等级、工具名称、规格等。不停电作业工器具应存放于通风良好、清洁干燥的专用库房内，库房的门窗应封闭良好。库房门可采用防火门，配备防火锁。观察窗距地面 1.0～1.2m 为宜，窗玻璃应采用双层玻璃，每层玻璃厚度一般不小于 8mm，以确保库房具有隔湿及防火功能、地面防潮要求。处于一楼的库房，地面应做好防水处理及防潮处理。库房内应配备足够的消防器材。消防器材应分散安置在工具存放区附近。

库房内应配备足够的照明灯具。照明灯具可采用嵌入式格栅灯等，以防止工具搬动时撞击损坏。库房的装修材料中，宜采用不起尘、阻燃、隔热、防潮、无毒的材料。地面应采用隔湿、防潮材料。工器具存放架一般应采用不锈钢等防锈蚀材料制作。

工器具库房如图 3-25 所示。

图 3-25　工器具库房

2. 技术条件与设施

库房内相对湿度应不大于 60%，温度控制在 10～21℃之间；金属工具的存放不做温度要求。库房内应装设烘干加热设备。建议采用热风循环加热设备；在能保证加热均匀的情况下也可采用红外线加热设备、不发光加热管、新型低温辐射管等。加热设备在库房内应均匀分散安装，加热设备或热风口距工器具表面距离应不少于30～50cm，热风式烘干加热设备安装高度以距地面1.5m左右为宜，低温无光加热器可安置于与地面平齐高度。车库的加热器安装在顶部或斗臂部位高度。加热设备内部风机应有延时停止装置。在除湿、烘干加热、通风设施的综合配置和选择上，主要应以能否满足温度、湿度要求，以及调控要求来确定。

3. 绝缘斗臂车库的要求

绝缘斗臂车库的存放体积一般应为车体的1.5～2.0倍。顶部应有0.5～1.0m的空间，车库门可采用具有保温、防火的专用车库门，车库门可实行电动遥控，也可实行手动。如只能电动操作应配备后备电源。

绝缘斗臂车库的、除湿、烘干装置要求与不停电作业工具库房的要求相同。

4. 工具库房管理系统

工具库房计算机管理系统应对工具贮存状况、出入库信息、领用手续、试验情况等信息进行实时记录。试验日期到期会自动提示。库房采用门禁系统，对进入库房人员进行视频等记录。

5. 管理要求

不停电作业工器具应统一编号、专人保管、登记造册，并建立试验、检修、使用记录。不同电压等级、不同类别的工器具应分区放置。不停电作业工具房进行通风时，应在干燥的天气进行，并且室外的相对湿度不得高于75%。通风结束后，应立即检查室内的相对湿度，并加以调控。库房不得存放酸、碱、油类和化学药品等。橡胶绝缘用具应放在避光的柜内，并撒上滑石粉。

绝缘工器具出、入库时，应进行外观检查。检查其绝缘部分有无脏污、裂纹、老化、绝缘层脱落、严重伤痕；检查工器具固定连接部分有无松动、锈蚀、断裂；检查操作头是否损坏、变形、失灵。有缺陷的不停电作业工器具应及时修复，不合格的应予报废，做好报废标识，如"×"，严禁存放在工具房内，继续使用。定期检查工器具的试验标签，以防超过规定的试验周期，确保工器具的性能完好，并进行记录。超过试验周期的工器具应及时清理并进行检测。

3.4.2 运输及现场使用

不停电作业工器具在运输途中，应存放在专用工具袋、工具箱或专用工具车内，以防受潮和损伤，避免与金属材料、工具混放。不得与酸、碱、油类和化学药品接触。

在不停电作业工作现场，工器具应放置在防潮的帆布或绝缘垫上，保持工器具的干燥、清洁。并要防止阳光直射或雨淋。考虑工器具在运输过程中由于存放条件的影响以及其他因素使性能下降的情况。在现场使用工器具前，应进行外观检查。用清洁干燥的毛巾（布）擦拭后，使用2500V或以上额定电压的兆欧表或绝缘检测仪分段检测绝缘工器具的表面绝缘电阻，阻值应不低于700MΩ，达不到要求的不能使用。

绝缘工器具在使用中受潮或表面损伤、脏污时，应及时处理并经试验合格后方可使用。操作绝缘工具，设置、拆除绝缘遮蔽用具时应戴清洁、干燥的绝缘手套，并应防止在使用中脏污和受潮。

3.5 配电不停电作业工器具的维护保养

不停电作业现场有脏污，应及时用专用的清洁剂进行擦拭，如有破损应及时进行更换。不停电作业中如遇天气突变，工器具应进行风干。绝缘绳应放置在专用的烘箱（图3-26）上进行烘干。

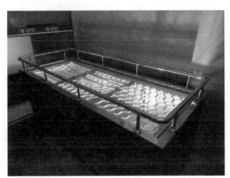 

图3-26 烘箱

3.6 配电不停电作业工器具试验

本节主要讲解10kV不停电作业的工器具预防性试验的项目、周期和要求，并提供了相应的试验方法，用以判断这些工器具是否符合使用条件，保证工作人员的人身安全和设备的安全。

根据产品从厂家生产设计到用户使用的各个时间阶段，对绝缘工器具进行的试验可以分为型式试验、抽样试验、验收试验、预防性试验、检查性试验等。

（1）型式试验。是对一个或多个产品样本进行的试验，以证明产品符合设计任务书的要求。主要用于在新产品投产前的定型鉴定时；和当产品的结构、材料或制造工艺有较大改变，影响到产品的主要性能时；以及原型式试验已超过5年时应对产品进行型式试验。试品数量为3件。

（2）抽样试验。是对样品进行的试验。按照买方与生产厂家的协议，可做全部型式试验项目，也可以抽做部分型式试验项目。

（3）验收试验。是用于向用户证明产品符合其技术条件中的某些条款而进行的一种合同性试验。根据购买方的要求可进行产品的验收试验，验收试验项目可以抽样做部分型式试验项目，也可以做全部型式试验项目。验收试验可在双方指定的、有条件的单位进行。

（4）预防性试验。是一种周期性的常规试验，是检测绝缘工具、遮蔽用具和个人防护用具性能的重要手段，对保证不停电作业安全具有关键作用。进行预防性试验时，一般宜先进行外观检查，再进行机械试验，最后进行电气试验。预防性试验需逐件进行。

（5）检查性试验。是对绝缘工具进行的周期性的工频耐压试验。试验时将绝缘工具分成若干段进行。是对预防性试验的补充，与预防性试验在时间上交错进行。

不停电作业工具应定期进行电气试验及机械试验。

电气试验的试验周期为：预防性试验每年一次，检查性试验每年一次，两次试验间隔半年。机械试验的试验周期为：绝缘工具每年一次，金属工具两年一次。

第4章　配电不停电作业的工作流程及制度

4.1　配电不停电作业标准化作业流程

配电不停电作业是保证用户供电可靠性的重要技术手段。为了保证带电作业的实效性、安全性，必须制定相应的工作流程。目前主要的工作流程包括：配合运检班组作业流程、业扩工程流程和抢修流程，如图4-1～图4-3所示。

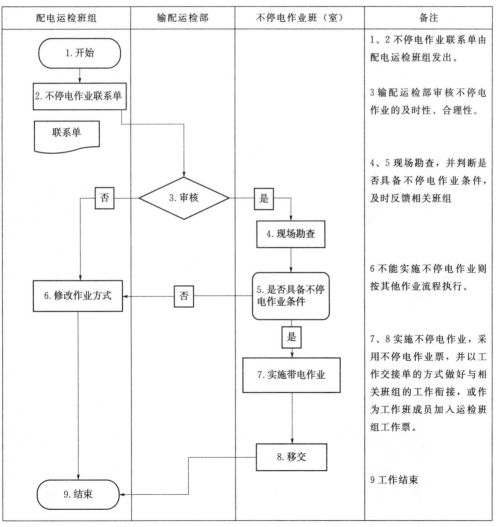

图4-1　不停电作业配合运检班组作业流程图

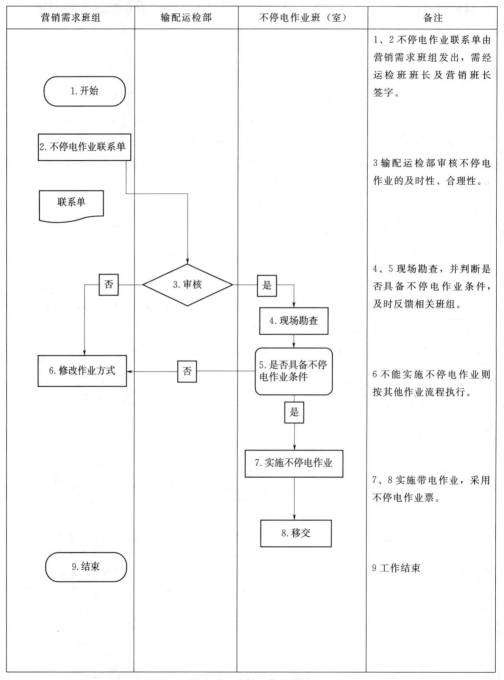

营销需求班组	输配运检部	不停电作业班（室）	备注

图 4－2　业扩工程流程图

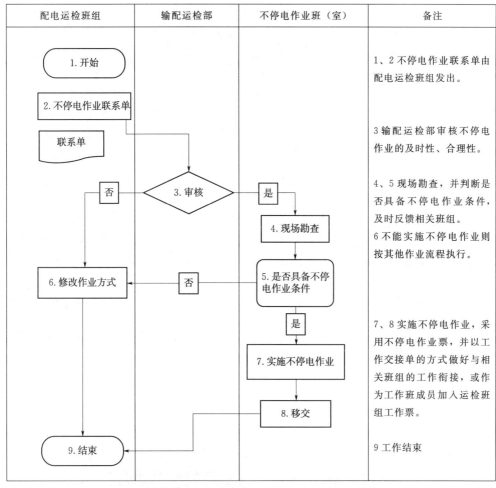

配电运检班组	输配运检部	不停电作业班（室）	备注

1.开始

2.不停电作业联系单

联系单

否 ← 3.审核 → 是

4.现场勘查

6.修改作业方式 ← 否 ← 5.是否具备不停电作业条件

是

7.实施不停电作业

8.移交

9.结束

1、2不停电作业联系单由配电运检班组发出。

3输配运检部审核不停电作业的及时性、合理性。

4、5现场勘查，并判断是否具备不停电作业条件，及时反馈相关班组。
6不能实施不停电作业则按其他作业流程执行。

7、8实施不停电作业，采用不停电作业票，并以工作交接单的方式做好与相关班组的工作衔接，或作为工作班成员加入运检班组工作票。

9工作结束

图4-3 抢修流程图

4.2 保障配电不停电作业的技术措施

保证配电线路不停电作业工作安全的技术措施包括停用重合闸、使用个人绝缘防护用具、工器具现场检查和表面绝缘电阻测试、保持足够安全距离和绝缘工具有效绝缘长度、设置警告标识和装设遮栏（围栏）5项内容。

1. 停用重合闸

线路都是由变电站中的高压断路器或重合器（配网自动化设备）进行控制和保护的，为了提高架空线路的可靠性，在高压断路器（重合器）上设置自动重合闸装置。自动重合闸的作用是在线路上发生短路故障时，断路器（重合器）跳闸，并在规定的时间内（一般为0.3s）自动合闸，如短路故障为永久性故障，重合闸不成功则再次跳闸，如故障为瞬时性故障，则重合成功。由于线路上的短路故障绝大多数为瞬时性故障，重合闸成功的概率很高，从而可提高线路运行的可靠性。虽然确定不停电作业安全距离的依据是操作过电压，但是由于作业中绝缘遮蔽、隔离措施的实效性、严密性、正确性，以及不停电作业人员的作业习惯对安全距离的控制能力等因素，重合闸装置在重合过程中产生的过电压对不停电作业人员的安全还是具有一定的威胁。停用重合闸不仅可以提高不停电作业的安全性，还可以避免对不停电作业人员的二次伤害。以下情况应与调度联系停用重合闸：

（1）中性点非有效接地系统中有可能引起相间短路的作业。

（2）中性点有效接地系统中有可能引起相对地短路的作业。

（3）不停电作业工作票签发人或工作负责人认为有必要时。当现场作业环境比较复杂，而且不停电作业签发人或工作负责人无法确定作业线路所在配电网络的中性点运行方式时，可以停用该线路的重合闸装置。

在不停电作业结束后，应及时向调度值班员汇报，以便及时恢复重合闸装置。在不停电作业过程中，如设备突然停电，作业人员应视设备仍然带电。工作负责人应尽快与调度联系，调度当值未与工作负责人取得联系前不得强送电。

2. 使用个人绝缘防护用具

个人绝缘防护用具虽然在配电线路不停电作业中是辅助绝缘保护，但起着非常重要的作用，一是可以阻断稳态触电电流；二是可以防止静电感应暂态电击。它是保证配电不停电作业安全的最后保障。不停电作业必须按规定着装，杆上操作人员必须穿戴绝缘安全帽和（防穿刺的）绝缘手套，并根据作业装置的复杂情况和作业过程的实际需要穿戴正确的防护用具。直接接触带电导体的作业人员必须穿戴绝缘服（或披肩）、绝缘裤、绝缘靴等，还必须使用绝缘安全带，并遵守高空作业有关规定。

3. 工器具现场检查和表面绝缘电阻测试

在配电线路不停电作业过程中使用2500V及以上兆欧表或绝缘电阻检测仪进行分段绝缘检测（电极宽2cm，极间宽2cm。图4-4所示为标准电极的一种样式），阻值应不低于700MΩ。

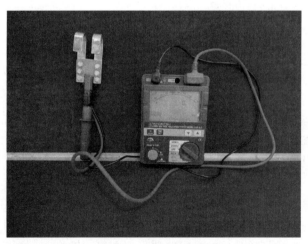

图4-4 自制标准电极

4. 保持足够安全距离和绝缘工具有效绝缘长度

不停电作业中，空气间隙是重要主绝缘保护，作业人员应对身体附近异电位物体保持足够的距离。10kV配电线路装置紧凑、复杂，为保证作业人员的安全，"人体对地的安全距离大于 0.4m"和"人体与邻相带电体的安全距离大于 0.6m"作业时，由于作业人员的作业习惯、对不停电作业安全的理解不同以及动作幅度的大小、工作斗停位或杆上站位等因素，对安全距离的控制能力也不一样。在安全距离不能保证时，应对周围可能触及的地电位物体或带电体做好绝缘遮蔽、隔离措施。设置绝缘遮蔽措施应遵循"由下到上，由近及远，先大后小"的原则，撤除绝缘遮蔽措施应遵循"由上到下，由远到近，先小后大"的原则，概括地说，就是要从装置的外围深入到内部。设置绝缘遮蔽、隔离措施时，直接接触带电体的遮蔽用具边沿部分应有留出足够的爬电距离（不得碰触其边沿部分，即使是偶然的"擦过接触"），连续的遮蔽组合之间的结合部位间应有足够的重叠部分，10kV 遮蔽组合重叠距离为 15cm。

5. 设置警告标识和装设遮栏（围栏）

在市区或人口稠密地区进行不停电作业时，工作现场应设置围栏，并挂警告牌，派专人监护，严禁非作业人员入内，或提前与当地交通管理部门取得联系。

4.3 保证不停电作业安全的组织措施

不停电作业工作的安全不仅靠技术措施来保证，制定严密的组织措施并在工作中落实贯彻也非常重要。保证不停电作业安全的组织措施有"现场勘察制度、工作票制度、工作许可制度、工作监护制度、工作间断和转移制度、工作终结制度"6 项内容。虽然表述与使用第一种工作票的工作相同，但其包含的内容是完全不相同的，每位不停电作业人员都应充分地理解并掌握。

1. 现场勘察制度

现场勘察结果是判定工作必要性和现场装置是否具备不停电作业条件的主要依据。由于不停电作业工作在安全方面的特殊要求，即使作业项目内容相同，但由于线路走向、装置结构、环境等因素的不同都会影响到不停电作业过程中的安全，所以工作票签发人、工作负责人都应对每项工作任务进行现场勘察并填写《现场勘察单》。根据勘察结果工作票签发人确定作业方法、选择合适的工作人员、采取相应的安全措施，并做出是否需要停用重合闸的决定，然后填写并签发《电力线路不停电作业工作票》。工作票签发人对工作的必要性和工作班成员是否合适负有相应的安全责任。工作负责人根据勘察结果，考虑作业中的技术难点、重点，以及对危险点进行充分的预想、分析和预控，编制切实可用的现场作业指导书，准备合适的工器具。勘察的内容包括以下两项：

（1）查阅资料。通过查阅资料应了解作业设备的导、地线规格、型号、设计所取的安全系数及载荷；杆塔结构、挡距和相位；系统接线及运行方式等。必要时还应验算导线应力、导线电流（空载电流、环流）和电位差，计算作业时的弧垂并校核对地或被跨物的安全距离。

（2）查勘现场。了解作业设备各种间距、交叉跨越、地形状况、周围环境、缺陷部位及严重程度等。处理紧急缺陷虽可免去现场查勘一环，但工作负责人应考虑几套施工方案，携带多种工具，以保证抢修作业的安全。当所带工具不适应设备需要时，亦不得蛮干。

2. 工作票制度

不停电作业必须填写《电力线路不停电作业工作票》。工作票应提前由签发人填写并签发，工作负责人接收工作票时应检查填写是否正确、清楚，安全措施及内容是否齐全、完备；也可由工作负责人填写，经工作票签发人审核后签发。工作票签发人不得兼任工作负责人。工作负责人同一时间手中不得同时持有多张有效的工作票。对于同一电压等级、同类型的不停电作业项目，当装置相同、安全措施相同时可在数条线路上共用一张工作票。工作票不得延期，工作票使用完毕后应进行归档，并保存1年。

3. 工作许可制度

工作负责人必须在现场开工前联系调度，汇报工作点设备名称、工作内容、安全措施的情况。如需停用线路重合闸，必须提前向调度申请，并在现场开工前与调度值班员联系，确定线路重合闸装置已退出工作并得到工作许可。

4. 工作监护制度

不停电作业时，操作人员的前后、左右、上下都可能有带电设备，操作者本人由于集中思想去完成某项任务，很难全面照顾到，这就需要有专人（工作负责人或专职监护人）进行全面、周密和连续的监护工作。不停电作业监护人不得直接操作，以免分散其注意力。不仅要在作业人员杆上进行作业过程中进行认真监护，布置现场、工器具检测、穿戴个人绝缘防护用具等环节监护人也应全面控制。监护人监护的范围不得超过一个工作点。如地面监护有困难时，应在地面和杆塔上同时设监护人。大型的不停电作业涉及多个工作点的，每个工作点应设专职监护人。作业过程中，在杆上作业人员换相或转移电位作业必须征得监护人的同意，上下呼应应及时。当作业中由于特殊原因需要更换监护人或工作班组成员时，必须停止作业，并让杆上人员撤离有电区域。经工作票签发人同意后，进行交接，并重新召开现场站班会，确认现场安全措施。

5. 工作间断和转移制度

在同一电压等级的数条线路上进行同类型的简单作业，或者在一条线路上进行不停电综合检修等类似情况，需要转移不停电作业现场。在工作中遇雷、雨、大风或其他任何情况威胁到工作人员的安全时，工作负责人或专责监护人可根据情况，临时停止工作。

在不停电作业过程中，需要短时间停止作业时，应将杆塔或设备上的工具可靠固定，并保持安全隔离和派专人看守。若间断时间较长，则应将工具从杆塔或设备上全部拆下。恢复间断工作前，必须重新检查现场安全措施、现场设备和工器具，确认安全可靠后，方能重新开始工作。对于在同一电压等级的数条线路上进行同类型的简单作业，或者在一条线路上进行带电综合检修等类似情况，需要转移不停电作业现场时，只有在原作业点工作结束，人员和工具全部从杆塔上撤离，现场清理完毕后，方可转移到新的作业点工作。

6. 工作终结制度

不停电作业的工作终结制度可称为"工作终结和恢复重合闸制度"。完工后，工作负责人（包括小组负责人）应检查线路检修地段的状况，确认在杆塔上、导线上、绝缘子串上及其他辅助设备上没有遗漏的工具、材料等，查明全部工作人员确由杆塔上撤下。多个小组工作，工作负责人应得到所有小组负责人工作结束的汇报。工作负责人工作结束后应联系调度值班员汇报工作结束，如停用重合闸的，调度值班员恢复线路重合闸。

4.4 配电不停电作业负荷电流和电容电流的相关安全措施

4.4.1 不停电更换开关和断接引线

不停电更换开关设备和业扩工程都以断、接引线为基础。设备引线相对较短，在开关断开且具有明显断开点的状态下作业不需考虑空载电流的影响。但在以下情况下，更换设备或断接引线时应采取不同作业方式，相应的也存在着不同的危险点和注意事项：

（1）更换无法操作的开关设备（如 SF_6 气体压力低于限值、真空泡内真空度降低或操作机构卡阻、绝缘子机械强度损伤等无法操作的开关设备），需要采用带负荷更换的方式，或切除其负荷侧用户负荷后充分估算其负荷侧空载线路空载电流并采取合适的消弧措施来断、接设备引线。

（2）搭接或拆除空载架空分支长线或电缆分支的引线，应充分估算其负荷侧空载线路空载电流并采取合适的消弧措施。

（3）更换重要负荷或主干线上的开关设备，需采用旁路作业方式。

4.4.2 空载电流和负荷电流的核算

空载电流和负荷电流的核算在以上工作中非常重要。断、接引线时由于导线之间和导线对地之间具有电容效应，引线具有空载电流，如空载电流较大，在接通或断开导线时会产生较为强烈的电弧，并且随着电流增大，燃弧时间也会越来越长，带来安全隐患。线路的电容电流取决于线路长度、线间距离、导线类型与截面、线路电压等级等因素。绝缘架空导线的大量使用虽然使配电网的绝缘化程度提高了，但线间距离减少，挡距的缩小等因素使单位长度线路的电容电流较裸导线增加。空载电容电流产生的电弧对操作者有三方面的影响：一是操作者对电容电流估计不足，造成心理恐慌而引发二次事故；二是电弧可能击穿、灼烧绝缘手套，造成危险；三是绝缘服一般为可燃材料，可能引起绝缘服起火而造成危险。特别是电力电缆电容效应更大，断、接空载电缆引线更应引起重视。

1. 空载电流的估算

（1）切除空载导线时的空载电流估算公式为[❶]

$$I_C = \frac{U_N L_1}{350} + \frac{U_N L_2}{10}$$

式中　U_N——额定线电压，kV；

　　　L_1——架空线路的长度，km；

　　　L_2——电缆线路的长度，km。

L_1、L_2 是断接点后面所有的线路，包括分支线路。

---

❶ 电力电缆空载电流的计算也可参照《中低压配电网改造技术导则》（DL/T 599—2016）规定，每千米电缆电容电流平均值根据电缆截面积和敷设方法的不同，取值在 1.1～1.5A/km，小截面的电缆可取 1.1A/km，大截面的电缆可取 1.5A/km。架空线路空载电流的计算也可采用 $I_C = 1.1 \times 2.7 U_N L \times 10^{-3}$。

（2）接通空载导线时的空载电流估算公式为[1]

$$I_C = 0.02L_1 + 0.5L_2$$

2. 带负荷作业

在带负荷更换开关设备的项目中，负荷电流的大小对作业安全有重要的影响，所选用分流设备的截面大小、两端线夹的载流容量应能满足最大负荷电流的要求。最大负荷电流的大小可以根据系统接线、回路导线材料和线径、设计资料等进行估算；也可以使用钳形电流表检测回路实际负荷电流的大小，再考虑负荷电流的波动及过负荷等情况来估算。

（1）带负荷更换开关设备时，应使用相应电压等级和通流能力（包括导体截面积、两端线夹载流能力，对于分流用的专用开关，还需考虑其切断、接通电流的能力）的绝缘引流线或其他分流专用设备。

（2）在短接开关设备前，应确保开关处于合闸位置。可以通过开关操作机构位置以及使用钳形电流表测设备引线负荷等多种手段进行确认。对于断路器，短接前应先取下断路器跳闸回路熔断器，并锁死跳闸机构。

（3）带负荷作业不应改变系统的原有接线结构。如更换柱上隔离开关可以直接用绝缘引流线进行短接；更换跌落式熔断器或负荷开关、断路器等在短接回路则应有开关装置，并使其处于分闸状态，以防在短接过程中，待更换的开关设备突然动作，绝缘分流线带负荷通断电路。

（4）短接前一定要核对相位，以防短接过程中发生相间短路并发生严重拉弧。

（5）组装分流设备的导线处应清除氧化层，且线夹接触应牢固可靠。严禁使用酒精、汽油等易燃品擦拭带电体及绝缘部分，防止起火。

（6）待更换的跌落式熔断器、柱上断路器、柱上负荷开关、柱上隔离开关等应具有合格的试验报告，并在现场检查其绝缘电阻合格，安装后需进行试操作检查。

3. 断、接引线消弧措施

带电断、接空载线路时，作业人员应戴防护目镜，使用消弧开关。电容电流计算值不大于 0.1A（对于 10kV 电压等级，电力电缆为 100m 以下，架空线路为 3.5km 以下；对于 20kV 电压等级；电力电缆为 50m 以下，架空线路为 2km 以下）时，可采用直接消弧方式。电容电流计算值大于 0.1A 时，应使用专用的消弧设备灭弧。消弧设备的断流能力与被断、接的空载线路的电压等级及电容电流相适应。断、接空载引线应注意下列事项：

（1）带电断、接空载线路前，应确认线路的另一端断路器（开关）和隔离开关确已断开并已挂设标志牌。应估算空载电流的大小及采取相应的措施。

（2）对于较长的线路，断引线前应使用钳形电流表检测线路有无负荷电流，以避免带负荷断引线。

（3）在查明线路确无接地、绝缘良好、线路上无人工作、且相位确定无误后，方可进行接空载线路的工作。

（4）断、接空载线路时，已断开相或未接通相导线因感应而带电，为防止电击，应进行绝缘遮蔽后才能触及。

---

[1] 此计算公式参照《配电线路带电作业技术》，中国电力出版社，国家电力公司武汉高压研究所，胡毅，编著。

（5）断、接引线时严禁人体串入电路。

4.5 配电不停电作业现场站班会、收工会

4.5.1 班前会、班后会

班前会、班后会是在当天出工前或当天收工后在班组由班长（分所长）按已分解的周计划进行生产安排的一个简短的会议，如班长（分所长）因故缺席，则由副班长（副分所长或安全员）主持；对于重大、复杂或涉及2个及以上班组的作业项目可由分管生产领导主持，其一般程序和内容如下：

（1）班长（分所长）就第二天的工作进行交底。包括工作任务、人员分工、危险点分析、布置安全措施、设备状态（包括停役时间要求）、工艺要求及交代注意事项等。

（2）班长（分所长）对第二天参加现场工作的小组负责人进行抽查，小组负责人应认真复诵所有交底内容。

（3）班长（分所长）向全班人员对第二天工作的交底是否清楚提出询问，然后请各工作负责人带领本小组成员做准备工作，包括填写和签发工作票、操作票、工器具准备、车辆安排等。

4.5.2 现场站班会、现场收工会

不停电作业现场站班会和现场收工会突出在"现场"两个字，必须在现场组织召开，不同于班前会和班后会。不停电作业班组的现场站班会、收工会是班前会或班后会的补充，它更具体、更有针对性。保证10kV配电线路不停电作业的安全的技术措施和组织措施是在多年的实践中得出的，是经所有从事不停电作业的技术人员和专家检验的。这些措施应在工作中必须真正有效地落实才能有效地保障作业人员的安全，同时不断提高企业生产效率、生产效益和社会效益。要正确地贯彻不停电作业的技术措施和组织措施，保证不停电作业的安全进行，召开现场站班会和现场收工会是一个重要的手段。

1. 现场站班会

工作负责人是技术措施的实施者和组织措施的组织者。现场站班会是工作负责人在工作现场根据当天的工作任务，联系本班组的人员（人数、各人的安全水平、安全思想深度和稳定性、精神状态）、设备（原材料、施工机具、安全用具）和环境（现场环境、气象条件，系统接线和运行方式）等在工作前召开的班组会。工作负责人首先应对当天检修任务及相应的安全措施、使用的安全工器具等了解正确无误，对担任工作的人员的技术能力、安全思想、责任心、工作地点环境（如同杆架设或附近有相同电压线路平行架空等）、当天气象情况等应足够了解，重点突出"三交、三查"，既交任务、交安全、交措施；查工作着装、查精神状态、查个人安全用具。

交任务应交清工作地点和作业对象，即将作业线路和设备的双重命名交代清楚，交代清楚现场条件、作业环境、系统接线，同时交代清楚工作的控制进度。然后根据工作人员的精神状态和个人技能水平作出合理分工，同时交代工作中的危险点和控制措施，强调工

作中应采取的安全措施（含组织、技术措施）、安全注意事项。

应检查工作人员的工作着装是否正确穿戴，符合劳动保护要求。不能穿戴影响作业安全的带金属件工作服装以及佩戴金属项链、手链及手机等，杆上作业人员应按规定穿着个人绝缘防护用具。应提示和检查工作人员完备佩带和正确使用合格的安全工器具。

2. 现场收工会

现场收工会是工作结束或告一段落，由工作负责人在工作现场主持召开的一次班组会。现场收工会以讲评的方式，在总结、检查（某种意义上也是一次小的评比）生产任务的同时，总结、检查安全工作，并提出整改意见。现场站班会是现场收工会的前提和基础，现场收工会是现场站班会的继续和发展。现场收工会的主要内容如下：

（1）简明扼要地小结当天生产任务的完成情况。

（2）对工作中认真执行规程制度、表现突出的职工进行表扬；对违章指挥、违章作业的职工视情节轻重和造成后果的大小，提出批评和考核处罚。

（3）对人员安排、作业（操作）方法、安全事项提出改进意见，对作业（操作）中发生的不安全因素、现象提出防范措施。

4.6 配电不停电作业作业指导书

现场标准化作业是以企业现场安全生产、技术活动的全过程及其要素为主要内容，按照企业安全生产的客观规律与要求，制定作业程序标准和贯彻标准的一种有组织活动。针对每一次作业按照全过程控制的要求，在现场勘察的基础上对作业计划、准备、实施、总结等各个环节，明确具体操作的方法、步骤、措施、标准和人员责任，依据工作流程组合成的执行文件。对不停电作业现场作业活动的全过程进行细化、量化、标准化，保证作业过程处于"可控、在控"状态，不出现偏差和错误，以获得最佳秩序与效果。

以下对现场作业指导书的编制要求、适用要求及结构与内容作一介绍，仅作参考。

4.6.1 编制要求

不停电作业工作任务下达后，工作负责人组织现场勘察，根据勘察结果，在作业前，参照规程和典型标准化作业指导书结合现场实际，一次作业任务具体编制一份现场标准化作业卡。现场标准化作业卡注重策划和设计，量化、细化、标准化每项作业内容。做到作业有程序、安全有措施、质量有标准、考核有依据。

现场标准化作业卡应结合现场实际，体现对现场作业的设备及人员行为的全过程管理和控制，进行危险点分析，制定相应的防范措施，在工作每个环节中落实。在编制时应依据生产计划和现场装置实际状况，实行刚性管理，变更应严格履行审批手续。在作业分工时应体现分工明确，责任到人。现场标准化作业卡宜由工作负责人编写，概念清楚、表达准确、文字简练、格式统一。由班组长（或班组技术员和安全员）审核，对编写的正确性负责。最后由本项工作任务不停电作业工作票的签发人批准。

4.6.2 适用要求

凡列入生产计划的工作应使用现场标准化作业卡，临时性检修宜采用现场标准化作业卡。现场标准化作业卡是现场记录的唯一形式。一次作业任务具体编制一份现场标准化作业卡。

作业前应组织作业人员对现场标准化作业卡进行专题学习，使作业人员熟练掌握工作程序和要求。现场作业应严格执行现场标准化作业卡，由工作负责人逐项打钩，并做好记录，不得漏项。工作负责人对现场标准化作业卡按作业程序的正确执行全面负责。现场标准化作业卡在执行过程中，如发现不切合实际、与相关图纸及有关规定不符等情况，应立即停止工作。工作负责人根据现场实际情况及时修改作业卡，征得现场标准化作业卡批准人的同意并做好记录后，按修改后的作业卡继续工作。

对于综合性施工作业，如大型旁路作业，应尽量分成多个工作面，各工作面由一个作业小组负责，各小组分别使用与本工作面实际相符的现场标准化作业卡，总工作负责人使用总的现场标准化作业卡统一指挥、组织工作过程，协调好不同作业面之间的关系。

使用过的现场标准化作业卡经专业技术人员审核后存档。作业有工作票的，应和工作票一同存档。存档时间为一年。

4.6.3 结构与内容

现场作业指导书由封面、适用范围、引用文件、前期准备、流程图、作业程序和工艺标准（包括危险点和控制措施）、验收记录、作业卡执行情况评估和附录9个部分组成。可常见附录。以下对其部分组成的内容及格式作简要叙述。

1. 封面

现场标准化作业指导书的封面有"标题、编号、编写人及时间、审核人及时间、批准人及时间、作业负责人、作业时间、编写单位"8项内容。

（1）现场标准化作业指导书标题一般采用"主标题＋副标题"的形式。主标题为作业项目名称，如"高架绝缘斗臂车绝缘手套作业法断、接引"，应指明作业采用的登高（承载）工具和作业方法，并对常见的工作内容归纳后进行项目分类。副标题为作业内容，包含线路电压等级、线路名称、杆塔编号及工作内容，如"10kV××线×号杆搭接空载跌落式熔断器上引线"。

（2）每份现场标准化作业指导书都应有唯一的编号。该编号应具有可追溯性，便于查找。编号位于封面的右上角。

（3）编写人及时间一栏由编写人签名，并注明编写时间；审核人及时间一栏由审核人签名，并注明审核时间；批准人及时间一栏由批准人签名，并注明批准时间。

（4）现场标准化作业指导书应有"作业负责人"和"作业时间"两栏。"作业负责人"组织执行作业指导书，对作业的安全、质量负责，在作业负责人一栏内签名。"作业时间"为现场作业具体工作时间。此项内容也说明了现场标准化作业指导书是针对每一次工作任务的，是有时效性的。

2. 适用范围

"适用范围"对现场标准化作业卡的适用性做出具体的规定，指明该作业作业人员的承载工具，如"高架绝缘斗臂车、绝缘平台、绝缘梯"等，还指明了该作业的装置的双重名称（包括变电所名称、线路电压等级、线路命名和电杆、设备称号）、工作内容、作业方式。如"本现场标准化作业指导书针对××变电站10kV××线××杆使用高架绝缘斗臂车绝缘手套作业法更换支持绝缘子工作编写而成，仅适用于该项工作"。

3. 引用文件

明确编写该作业指导书所引用的法规、规程、标准、设备说明书及企业管理规定和文件，按标准格式列出，如《电业安全工作规程（电力线路部分）》（DL 409—1991）。一般情况下，标准号写在标准名的前面，而出版单位或标准、规程的发布单位以及发布时间等列在标准、规程的名称后面。

4. 前期准备

每项工作的前期准备工作有作业人员的准备和工器具的准备。

（1）根据作业配备足够的人员数量及作业人员应具备的技能、安全水平来选择合适的人员，便于现场工作时合理地对作业人员进行分工和安全地开展作业。对于一些涉及几个工作点的较复杂的作业项目，如旁路作业，作业人员较多时，为有条理地组织工作，宜采用"人员岗位分布图"指明各工作成员的位置及各位置所需工器具等。

（2）为防止不合格工器具引起工作安全隐患及防止漏带工器具，出工前领用时应对工器具和材料进行逐项清点数量并做外观检查。内容包括个人绝缘防护用具、一般工器具、绝缘遮蔽工具、绝缘工具、材料等。备注栏也可作为现场检测工器具时记录用。

综合性作业由多个工作环节组成或几个工作面或涉及多个班组的，为明晰现场作业的检修顺序、安全措施，有条理地组织工作，应使用流程图。

5. 作业程序和工艺标准

内容包括作业步骤、工艺、质量标准等。为了使危险点控制措施落实到实处，在每个步骤中必须进行危险点分析，并写明控制措施。作业程序有开工准备、杆上作业、收工验收等环节组成。

（1）开工准备包括现场再次勘查、安全措施的落实、工作许可、站班会、现场布置、工器具检查等。

（2）杆上作业为登杆直至下杆之间的不停电检修或维护、测量工作的具体实施过程。在编写作业指导书的该部分内容时应符合"精益化"的要求。应着重体现本次作业的重点、难点。如作为配电线路不停电作业的技术措施之一的绝缘遮蔽隔离措施，其实施和拆除必须作为单独的步骤来写，前后要有呼应，××条步骤"斗内1号作业人员在'××部位'使用××设置绝缘遮蔽隔离措施"，则应有相对应的后续步骤"斗内1号作业人员在'××部位'使用××撤除绝缘遮蔽隔离措施"。每个步骤的描述应使用完整的句式，主、谓、宾齐全，以明确每个作业人员的职责。

（3）收工验收是指工作结束后，清理工作现场、清点工具、回收材料、办理工作票等。

6. 验收记录

对现场标准化作业卡执行情况评估，记录检修结果，对检修质量作出整体评价；记录存在的问题及处理意见。

第5章 电缆不停电作业

电缆不停电作业是指以实现用户的不停电或短时停电为目的,采用带电或短时停电等方式对电缆线路设备进行检修的作业。电缆不停电作业技术可以实现配网设备、用户设备不停电或短时停电检修、更换,同时能满足重要场所和重大事件保证供电等需要,保证城市电网安全、稳定、经济运行,提高供电可靠性,因而电缆不停电作业技术应用越来越广泛。

5.1 配电电缆不停电作业介绍

5.1.1 电缆不停电作业基本原理

采用电缆不停电作业的方式检修、更换设备的工作,需要组建由旁路电缆、旁路开关、消弧开关等设备组成旁路系统,隔离待检修设备进行作业。旁路作业法是采用专用设备将待检修或施工的设备进行旁路分流继续向用户供电的一种作业方法。旁路作业时,首先将旁路设备接入线路,使之与待检修设备并行运行,然后将待检修设备从线路中脱离进行停电作业,此时由旁路设备继续向用户供电,检修完毕后将设备重新接入线路中,再将旁路设备撤除。

旁路电缆不停电作业如图5-1所示。

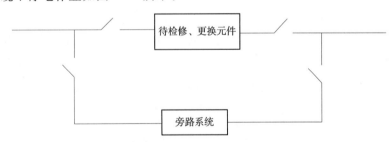

图5-1 旁路电缆不停电作业示意图

旁路电缆不停电作业的基本步骤为:①安装旁路系统;②旁路系统投役并列运行;③待更换元件所在线路退役;④旧元件更换为新元件;⑤新元件投役并列运行;⑥旁路系统退役后拆除。

5.1.2 开展电缆不停电作业的组织措施

1. 现场查勘制度

作业前由相关班组(带电作业班,配电线路班,配电操作班)参与现场查勘,明确工作地点、作业范围、线路设备运行方式；掌握作业环境，确定旁路电缆安装位置、长度、需要工具、材料的数量；制定施工方案、明确需要施工人数（班组）、明确施工（起、止日期）。

2. 工作票制度

电缆线路不停电作业应按《国家电网公司电力安全工作规程（线路部分）》（国家电网安监〔2009〕664号）中的规定，填写相应的工作票和操作票。工作票的有效时间以批准检修期为限，已终结的工作票，应保存一年。工作票签发人应由熟悉人员技术水平、熟悉设备情况、熟悉本规程并具有带电作业工作经验的生产领导人、技术人员或经本单位主管生产领导批准的人员担任。工作票签发人名单应书面公布。工作票签发人不得同时兼任该项工作的工作负责人。

3. 工作许可制度

工作负责人在工作当日现场工作开始前，应与工作许可人（值班调度员）联系，汇报工作点设备名称、工作内容、安全措施的情况。实施作业前，应对作业现场进行复勘，补充工作票的补充安全措施。如安全措施或现场标准化作业指导书作业步骤有重大改变时，应与工作票签发人联系。需要停用线路重合闸的作业，工作票签发人应在工作票中写明所需停用重合闸的线路，并在向调度递交工作申请的同时提交停用重合闸的申请。工作负责人应在现场确认重合闸已退出，得到工作许可人（值班调度员）的许可后方可开始工作。严禁约时停用或恢复重合闸。

4. 工作监护制度

电缆线路不停电作业应设专人监护，工作负责人（监护人）应始终在工作现场，对作业人员的安全认真监护，及时纠正不安全的行为。工作负责人（监护人）不得擅离岗位或兼任其他工作。监护的范围不得超过一个作业点。复杂的或高杆塔上的作业应增设（塔上）监护人。

5. 工作间断和终结制度

在电缆线路不停电作业过程中，若因故需临时间断，在间断期间，工作现场的工具和器材应可靠固定，并保持安全隔离及派专人看守。间断工作恢复以前，必须对现场的工具设备及安全措施进行检查，经查明确定安全可靠后才能重新工作。每项作业结束后，应仔细清理工作现场，工作负责人应严格检查设备上有无工具和材料遗留，设备是否恢复工作状态。全部工作结束后，应向调度部门汇报。

5.1.3 开展电缆不停电作业的技术措施

电缆线路不停电作业的技术措施可分为以下两个部分：

第一部分：带电断、接空载电缆引线作业应遵照配电架空线路不停电作业技术措施。这些措施包括停用重合闸；使用个人绝缘防护用具；工器具现场检查和测试；验电；保持足够的安全距离和绝缘工具的有效长度；悬挂标示牌和装设围栏。

第二部分：旁路作业检修电缆线路设备和临时取电作业的技术措施。这些措施包括：旁路电缆的敷设；旁路电缆终端的安装；旁路系统检测；核相；倒闸操作；悬挂标示牌和装设围栏。

1. 停用线路重合闸装置

电缆不停电作业应停用线路重合闸。在作业过程中如设备突然停电，作业人员应视设备仍然带电，工作负责人应尽快与调度联系，调度当值未与工作负责人取得联系前不得强送电。

2. 检测个人绝缘防护用具和绝缘工器具

进入作业现场的安全工器具应外观良好，试验合格且在有效期内。绝缘工具及安全防护用具，必须使用 2500V 及以上绝缘测试仪进行绝缘检测，绝缘电阻不应低于 700MΩ。

3. 敷设、安装、检测旁路电缆

敷设旁路电缆的工作应由有电缆工作经验的人员完成。旁路线路（包括电缆和开关）等设备敷设安装完毕后应使用 2500V 及以上绝缘测试仪测试旁路系统的绝缘电阻，确定绝缘电阻符合国家标准，测试完毕后应逐相进行充分放电。接头两侧电缆应采用绝缘绳加固，防止由于电缆受力而移位甚至脱落。电缆屏蔽地线、旁路开关和移动箱式变压器的外壳应可靠接地。

4. 设置警告标志和装设遮栏（围栏）

旁路电缆架空展放时，距离地面不低于 4m，跨越道路不应低于 6m；若采用地面临时敷设的，应有防止电缆受外力伤害的保护措施，地面敷设绝缘垫，有车辆出入的路段应装设电缆保护罩。应根据道路情况设置安全围栏、警告标志或路障，防止外人进入工作区域，如在车辆繁忙地段还应与交通管理部门取得联系，以取得交通协同管制。

5. 核相与倒闸操作

作业前应核算待检修电缆负荷电流，确认负荷电流小于旁路系统额定电流。倒闸操作前，应确定设备（开关、环网柜等）运行状态并核相，相位正确无误后方可操作。电缆不停电作业的每一步操作都应遵循倒闸操作票执行。

5.1.4 开展电缆不停电作业常用工器具

10kV 电缆不停电作业系统主要由旁路高压负荷开关、旁路高压柔性电缆、旁路电缆连接器、消弧开关、绝缘引流线等设备组成。

1. 旁路高压负荷开关

旁路高压负荷开关如图 5-2 所示，它是带负荷接通或断开电缆线路的三相开关，用于旁路电缆不停电接通或开断负荷的工作。

图 5-2　旁路高压负荷开关

旁路高压负荷开关的技术要求为：额定电压 12kV，最大关合、开断负荷电流大于 200A，相应的电气寿命为 20 次操作循环（关合一次、开断一次为一个操作循环），全绝缘水平，关合短路峰值电流 40kA，三相分段同期性小于 5ms。

2. 旁路高压柔性电缆

旁路高压柔性电缆如图 5-3 所示。它主要用于旁路检修作业，包括高压柔性电缆、高压旁通辅助电缆、配电变压器高压旁通辅助电缆等。

图 5-3　旁路高压柔性电缆

旁路高压柔性电缆为单芯电缆，且比一般常规的电力电缆具有更好的柔软性、可以重复多次敷设、回收使用，在弯曲半径为 5～8 倍电缆外径重复进行弯曲试验 1000 次以上，其电气性能和机械性能均保持完好无损。柔性电缆包括导体芯、绝缘层、屏蔽层、外护套等，以上不同层的材质及结构形式决定了柔性电缆的通流能力、结构尺寸、机械弯曲特性等。

国内生产的柔性电缆导体芯为镀锡退火软铜导体，分为 50mm^2 和 35mm^2 两种，其额定电压为 8.7kV/15kV，50mm^2 额定电流为 200A，35mm^2 额定电流为 135A。

旁路高压柔性电缆结构示意如图 5-4 所示。

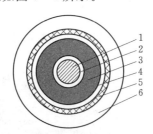

图 5-4　旁路高压柔性电缆结构示意图

1—镀锡铜导体；2—导体屏蔽；3—乙丙橡胶绝缘；4—绝缘屏蔽；

5—镀锡铜丝/纤维屏蔽层；6—氯丁橡胶护套

旁路高压柔性电缆具有以下电气性能：

（1）电缆导体直流电阻 20℃ 时 50mm^2 不大于 0.393Ω/km，35mm^2 不大于 0.565Ω/km。

（2）电缆应经受交流 45kV，5min 耐压试验不击穿；雷电冲击耐压 ±95kV 各 10 次不击穿；工频 $1.70U_0$（13kV）下局部放电量不大于 10pC。

（3）20℃ 时绝缘电阻 $50mm^2$ 电缆不低于 $500M\Omega/km$，$35mm^2$ 电缆不低于 $650M\Omega/km$。

（4）电缆的热稳定电流水平应满足表 5-1 要求。

表 5-1　　　　　　　　　　　　电缆的热稳定电流水平

时间/s	0.5	1.0	2.0	3.0
允许断路电流有效值/A	10030	7090	5010	4090

（5）电缆电动力稳定考核水平应达到峰值短路电流 40kA（200ms）。

$35mm^2$ 旁路高压柔性电缆的尺寸和参数见表 5-2 和表 5-3。

表 5-2　　　　　　　　　　$35mm^2$ 旁路高压柔性电缆的尺寸

品名	参　　　数	
参　　数	截面积/mm^2	35
	股数	12
	绞线外径/mm	9.22
内半导电层/mm		标厚 0.8
绝缘体	厚度/mm	标厚 4.5
	外径/mm	20.2
外半导电层/mm		标厚 0.8
中性导体	外径/mm	22.9
	截面积/mm^2	≥16
被覆厚度/mm		标厚 1.7
完成外径/mm		27.0

表 5-3　　　　　　　　　　$35mm^2$ 旁路高压柔性电缆的参数

	额定电压/kV	8.7/15
旁路柔性电缆电气特性参数	额定频率/Hz	50
	电缆导体截面积/mm^2	35
	工频耐压/kV	30.5
	直流耐压/kV	—
	雷电冲击耐压/kV	105
	局部放电量（1.73）	无可视放电
机械特性参数	在弯曲半径为 8 倍电缆外径重复进行弯曲试验 1000 次以上，其电气性能荷机械性能均保持完好无损主绝缘层	1500 次以上弹性体 XLPE

3. 旁路电缆连接器

旁路电缆连接器是旁路作业中用于连接和接续旁路高压柔性电缆的设备。电缆铺设好后，为了使其成为一个连续的线路，各段线必须连接为一个整体，这些连接点就称为电缆连接接头。电缆线路中间部位的电缆接头称为中间接头，线路两末端的电缆接头称为终端头。电缆接头是用来锁紧和固定进出线，起到防水、防尘、防震动的作用。

电缆接头包括可分离旁路电缆终端和自锁定快速插拔接头。其中可分离旁路电缆终端分为螺栓式和插入式，如图5-5和图5-6所示。插入式可分离旁路电缆终端包含可带电插拔旁路电缆终端和自锁定快速插拔终端。

图5-5 螺栓式可分离电缆终端

图5-6 插入式可分离电缆终端

（可带电插拔电缆终端）

插入式可分离电缆终端（自锁定快速插拔电缆终端）的自锁定快速插拔接头包括直通接头和T形接头，如图5-7和图5-8所示，其连接如图5-9所示。

图5-7 自锁定快速插拔直通接头

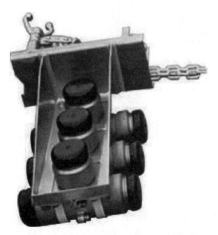

图5-8 自锁定快速插拔T形接头快速接头

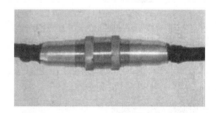
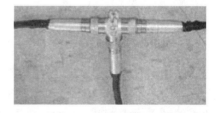

图5-9 自锁定快速插拔终端、
自锁定快速插拔接头之间的连接

旁路连接器的性能参数见表5-4。

表5-4 旁路连接器的性能参数

序号	参数	标准	序号	参数		标准
1	额定电压/kV	8.7/15	8	热稳定电流/A	0.5s	10030
2	额定电流/A	200			1.0s	7090
3	1min工频耐压/kV	45			2.0s	5010
4	15min直流耐压/kV	55			3.0s	4090
5	雷电冲击耐压/kV	±95（各10次）	9	正常允许温度/℃		≥100
6	局部放电量（1.73U_0）/pC	≤10	10	短路允许温度/℃		≥250
7	动稳定电流/kA	40	11	机械寿命（循环次数）		1000

注 1min工频耐压前连接器侵入水中0.5m，2h。旁路连接器机械寿命的循环次数中的"循环"指的是对接与分离为一个循环。

4. 消弧开关

带电作业用消弧开关（图5-10）是用于不停电作业的，具有断、接空载架空线路或电缆线路电容电流功能和一定灭弧能力的开关。

（a）带电作业用消弧开关（分闸位置） （b）电作业用消弧开关（合闸位置）

图5-10 消弧开关

1—线夹；2—静触头；3—动触头；4—合闸拉环；5—分闸拉环；6—灭弧室；

7—动触头导向杆；8—导电杆（接绝缘分流线用）；9—导电索

消弧开关应包括触头、灭弧室、操动机构等部件，操作机构宜采用人力储能操动机构，以实现开关快速的开断或关合。消弧开关应采用透明的灭弧室，应可直接观察到开关触头的开合状态。消弧开关外观应光滑，无皱纹、开裂或烧痕等。各部件之间应连接牢固。

对消弧开关的要求为：分断电容电流能力应不小于5A，开关断开时触头之间的耐压值按照10kV开关要求应不小于48kV，开关宜采用封闭式，操动机构操作寿命应不小于1000次操作循环。消弧开关使用温度为−25～40℃；湿度不大于80%；海拔1000m。

5. 绝缘引流线

在使用消弧开关断、接空载电缆连接引线时，还需配套使用绝缘引流线作为跨接线，绝缘引流线如图 5-11 所示。使用时，可先将消弧开关挂接在架空线路上，绝缘引流线一端线夹挂接在消弧开关的导电杆上，另一端线夹固定在空载电缆引线上。

图 5-11 绝缘引流线
1—线夹；2—螺旋式紧固手柄；3—绝缘层

绝缘引流线本体的外部绝缘可视为辅助绝缘，在不停电作业过程中，允许作业人员瞬时性的"擦过"接触。绝缘引流线的预防性试验标准为 20kV，1min。

6. 开关核相测试器

为避免旁路开关合闸后，两端接入的旁路电缆相位不对应而造成短路，在旁路开关合上前应使用开关核相测试器，核对相位，如图 5-12 所示。

7. 线盘固定工具

线盘固定工具如图 5-13 所示，用于在施工现场的起始端，固定电缆盘释放电缆。

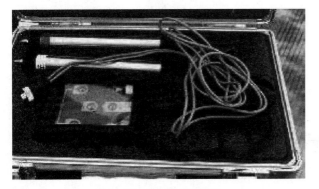

图 5-12 开关核相测试器

图 5-13 线盘固定工具

8. 固定工具

固定工具如图 5-14 所示。地上用固定工具用于连接输送绳与固定绳（为有利于承载旁路电缆的重量，输送绳必须紧、直，需用固定绳，可用钢丝绳或白棕绳等固定在附近的构件或临时地锚上），并方便地将滑轮送到输送绳上。

柱上用固定工具用于固定、接续输送绳，并便于旁路电缆输送。

9. 导入支撑

导入支撑如图 5-15 所示，用于施工现场的起始端，电缆从电缆盘引出后，通过导入

（a）地上用

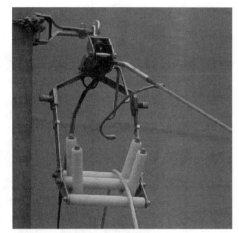
（b）柱上用

图 5-14　固定工具

轮将电缆顺利导出，避免在地面拖放引起损伤。

10. 电缆导入轮

电缆导入轮如图 5-16 所示。敷设旁路电缆时，使用电缆导入轮便于电缆从地面向杆上引入，并减少电缆导入时的摩擦力。

图 5-15　导入支撑

图 5-16　电缆导入轮

11. 滑轮

滑轮如图 5-17 所示。在敷设旁路电缆时，用于传送旁路电缆。

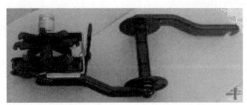
图 5-17　滑轮

12. 电缆牵引工具（牵头用）

电缆牵引工具如图 5-18 所示，用于捆绑旁路电缆端头，便于牵引。

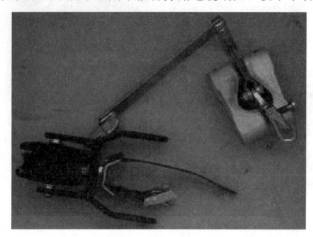

图 5-18　电缆牵引工具

5.2　配电电缆不停电作业应用

目前广泛开展的配电电缆不停电作业项目主要有 5 种：直搭电缆引线的拆除与搭接、架空线路取电至环网柜（移动箱变）、两环网柜间电缆线路不停电检修、旁路法不停电（短时停电）检修环网柜、环网柜取电至移动箱变。

5.2.1　直搭电缆引线的拆除与搭接

1. 带电断开架空线路与电缆线路连接引线

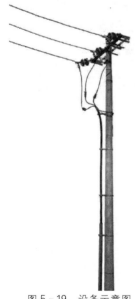

图 5-19　设备示意图

带电断、接架空线路与空载电缆线路连接引线，空载电缆长度不应大于 3km，电容电流不应大于 5A，应采用不停电作业用消弧开关进行，不应直接带电断、接。带电断开架空线路与空载电缆线路连接引线之前，应通过测量引线电流确认电缆处于空载状态；带电接通架空线路与空载电缆线路连接引线之前，应查明线路确无接地、绝缘良好、线路上无人工作且相位确定无误后，方可进行工作。

带电断开连接引线应由近至远、逐相进行，并遵循以下步骤：确认消弧开关处于断开状态；分别将消弧开关两端连接至架空线路及电缆线路，并确认连接良好；合上消弧开关；带电断开架空线路与电缆线路连接引线；断开消弧开关；带电拆除消弧开关。

带电断开架空线路与电缆线路连接引线的设备示意图如图 5-19 所示。

带电断架空线路与电缆线路连接引线作业项目关键步骤如图 5-20～图 5-22 所示。

54

图 5-20　安装消弧开关

图 5-21　合上消弧开关

图 5-22　测量绝缘引流线电流

2. 带电接入架空线路与空载电缆线路引线

带电接入架空线路与空载电缆线路连接引线之前，应确认电缆线路试验合格，对侧电缆终端连接完好，接地已拆除，并与负荷设备断开。

带电接入电缆线路引线应由远至近、逐相进行，并遵循以下步骤：确认消弧开关处于断开状态；分别将消弧开关两端连接至架空线路及电缆线路，并确认连接良好；合上消弧开关；带电连接架空线路与电缆线路连接引线；断开消弧开关；带电拆除消弧开关。

带电接架空线路与空载电缆连接引线作业项目关键步骤如图5-23和图5-24所示。

图5-23 完整的绝缘遮蔽

图5-24 安装消弧开关和绝缘引流线

5.2.2 架空线路取电至环网柜（移动箱变）

环网柜是一组配电设备（高压开关设备）装在金属或非金属绝缘柜体内或做成拼装间隔式环网供电单元的电气设备，其核心部分采用负荷开关和熔断器，具有结构简单、体积小、价格低、可提高供电参数和性能以及供电安全等优点，广泛应用于城市配电网架中，为住宅小区、高层建筑、大型公共建筑、工厂企业等负荷中心输送电能。环网柜的每一个配电支路既可以从它的左侧干线取电，又可以从它右侧干线取电。当左侧干线出了故障，它就从右侧干线继续得到供电，而当右侧干线出了故障，它就从左侧干线继续得到供电，这样一来，尽管总电源是单路供电的，但从每一个配电支路来说却得到类似于双路供电的实惠，从而提高了供电的可靠性。

10kV电缆不停电作业项目架空线路取电至环网柜（移动箱变），就是采用旁路作业设备，从就近的架空线路临时取电，给因故障造成停电的重要用户或居民用户应急供电，如图5-25和图5-26所示。

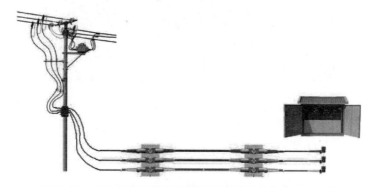

图5-25 从架空线路临时取电给环网柜供电作业项目示意图

从架空线路临时取电给移动箱变（环网柜）供电作业关键步骤如图5-27和图5-28所示。

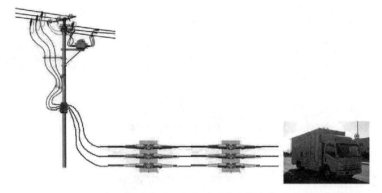

图 5 - 26　从架空线路临时取电给移动箱变供电作业项目示意图

图 5 - 27　敷设、连接旁路电缆，安装旁路开关

图 5 - 28　上杆安装旁路电缆支架，固定旁路电缆

5.2.3　两环网柜间电缆线路不停电检修

两环网柜间的联络电缆发生故障，需要长时间检修，当与故障电缆连接的两侧环网柜上均有备用间隔时，可以利用敷设柔性电缆将两侧环网柜的备用间隔连接起来，代替故障电缆，实现不停电检修故障电缆，如图 5 - 29 和图 5 - 30 所示。

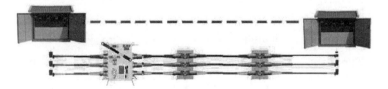

图 5 - 29　两环网柜间电缆线路不停电检修设备示意图

图5-30 两环网柜间电缆线路不停电检修现场作业图

5.2.4 旁路法不停电（短时停电）检修环网柜

当两环网柜之间的环网柜需要检修时，利用原有电缆对旁路系统进行搭建，利用所搭建的旁路系统依次将供电侧线路以及送电侧线路连通，从而使得带检修环网柜退出运行后不影响正常供电与送电，实现不停电检修的目的。旁路法不停电（短时停电）检修环网柜作业对旁路电缆两侧环网柜有备用和无备用间隔情况都能实现不停电作业；对环网柜无备用间隔情况，可以有效减少停电检修次数，提高供电可靠性，减少长时间停电带来的电量损失，经济效益显著。

旁路法不停电（短时停电）检修环网柜设备如图5-31所示。

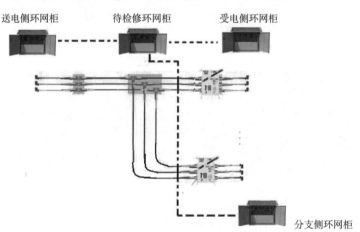

图5-31 旁路法不停电（短时停电）检修环网柜设备示意图

5.2.5 环网柜取电至移动箱变

移动箱变为全密封、全绝缘结构，是集高压开关、变压器、低压开关于一体的可移动配电装置。它体积小、结构紧凑，既可用于环网，又可用于终端，同时装设负荷开关和刀闸，具有负荷开断和电源隔离等功能。

环网柜取电至移动箱变作业利用旁路电缆等设备将移动箱变连接至供电环网柜，利用供电环网柜备用间隔向移动箱变车供电，进而保障用户用电，如图5-32所示。移动箱变车如图5-33所示，敷设和连接旁路电缆如图5-34所示。

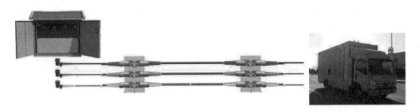

图 5-32 环网柜取电至移动箱变设备示意图

图 5-33 移动箱变车

图 5-34 敷设和连接旁路电缆

附录　配电不停电作业项目操作流程及技术要点

附录 1　10kV××线××号杆砍伐邻近不停电
导线树木标准作业卡（绝缘手套作业）

编写：_____　___年_月_日

审批：_____　___年_月_日

作业负责人：_____

作业日期：___年_月_日_时至___年_月_日_时

1 作业前准备

1.1 准备工作安排

√	序号	内　容	标　准	备　注
	1	现场勘察	工作负责人依据"配电作业现场勘察记录表"进行现场勘察，做好现场勘察记录	
	2	联系调度	联系调度，了解系统接线的运行方式，申请是否需要停用重合闸	
	3	组织现场作业人员学习标准作业卡	组织现场作业人员学习指导卡，掌握整个操作程序，理解工作任务、质量标准及操作中的危险点及控制措施	
	4	出工前"三交三查"	（1）"三交"主要内容：工作任务、安全措施、技术措施、岗位分工、现场其他注意事项。 （2）"三查"主要内容：人员健康、精神状况、劳保着装情况和安全工器具是否完好等	

1.2 人员要求

√	序号	内　容	备　注
	1	作业人员精神状态良好	
	2	具备必要的电气知识，并经《安规》考试合格	
	3	不停电作业人员必须经过不停电作业培训，经考试合格，并执证上岗	
	4	工作负责人必须进行现场勘察，熟悉现场情况	
	5	监护人应由有不停电作业实践经验的人员担任	
	6	被监护人在作业过程中监护人应专心监护，不得从事其他工作	
	7	作业中互相关心施工安全，及时纠正不安全的行为	
	8	进入作业现场，穿合格工作服、绝缘鞋，戴安全帽	
	9	熟悉工作内容、工作流程和技术要求，掌握安全措施，明确工作中的危险点及防范措施	
	10	作业人员应熟悉绝缘斗臂车的操作程序及绝缘工具的正确使用	

1.3 工器具

√	序号	名　称	型号/规格	单位	数量	备注
	1	绝缘斗臂车	16.8m	辆	1	
	2	绝缘安全带		根	2	
	3	绝缘手套（含羊皮手套）	YS－101－31－03	双	2	
	4	绝缘绳		根	1	
	5	绝缘帽	YS－125－02－01	只	4	
	6	绝缘披肩	YS－126－01－05	件	2	
	7	绝缘树脂毯	YS－241－01－04	块	6	

√	序号	名　称	型号/规格	单位	数量	备注
	8	绝缘毯夹	5型	个	12	
	9	高压防护套管		根	6	
	10	柴刀或汽油链锯		把	2	
	11	绝缘检测仪	5000V	只	1	
	12	对讲机		部	2	
	13	防潮垫		块	1	
	14	充气式绝缘手套检测仪		只	1	
	15	护目镜		副	2	
	16	风速测试仪		台	1	
	17	湿度仪		台	1	
	18	安全围绳		m	100	
	19	道路警示牌		块	2	
	20	干燥清洁巾		块	2	
	21	工具包（含工具）		套	1	

1.4　材料

√	序号	名　称	型　号	单位	数量	备注
	1					

注　准备的材料根据现场情况具体决定。

1.5　危险点分析及安全控制措施

√	序号	危险点	安全控制措施	备注
	1	触电	（1）不停电作业必须在良好的天气下进行，工作中如遇雷、雨、雾、风力大于五级等不利于带电作业的天气，工作负责人应立即停止现场作业。 （2）不停电人员作业时应保持对带电体距离0.4m以上，对邻相带电体距离0.6m以上，绝缘操作杆有效长度0.7m及以上，绝缘绳有效长度0.4m以上，绝缘臂有效长度1m以上，若小于上述距离必须增加绝缘遮蔽措施。 （3）装设、拆除绝缘遮蔽时应戴绝缘手套，必要时使用绝缘杆，作业人员与绝缘遮蔽物发生短时接触的部位应采用组合绝缘遮蔽。一相作业完成后，应迅速对其恢复和保持绝缘遮蔽，然后再对另一相开展作业。 （4）用绝缘毯遮蔽时，要注意夹紧固定，两相邻绝缘毯间应有15cm以上重叠。 （5）工作中车体应良好接地，斗臂车金属臂仰起、回转运动中与带电体的安全距离不得小于1m，若小于上述距离必须增加绝缘遮蔽措施	

√	序号	危险点	安全控制措施	备注
	2	高空坠落	绝缘斗中的作业人员应使用安全带，戴好绝缘安全帽。安全带必须系在工作斗内专用挂钩上	
	3	高处坠物伤人	现场作业人员必须戴安全帽。绝缘液压臂及作业点的垂直下方严禁站人，高空作业防止掉东西，上下传递物件应用绝缘绳拴牢，严禁上下抛掷。作业范围四周应设围栏和警示标识，防止非作业人员进入作业区	
	4	线路短路接地	应采取防止树木摆动和倒落导线上的措施；当倒树距离不能满足要求时需进行绝缘遮蔽和用绝缘绳控制树木	
	5	利器和木削伤人	修剪树木时应戴护目镜，防止木削飞落眼镜伤人。作业人员使用柴刀和汽油链锯应防止刀刃后锯条伤人	

1.6 作业分工

√	序号	分工项目	分组负责人（签名）	作业人员（签名）
	1	工作负责人（专职监护人）		
	2	工器具准备		
	3	斗内1号电工		
	4	斗内2号电工		
	5	地面电工		

1.7 定置图及围栏图

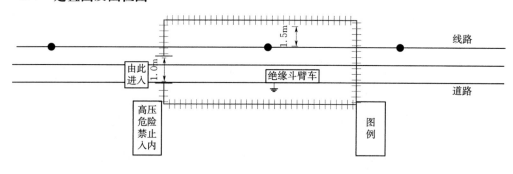

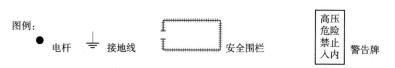

10kV ××线××号杆砍伐邻近带电导线树木现场作业布置图

2 作业阶段

2.1 开工

√	序号	开工内容项目	备注
	1	进入现场人员均应戴好安全帽，做好个人防护措施	
	2	在居民和交通道口作业时，工作场所周围装设可靠遮栏，必要时加挂警示标牌	
	3	检查工器具、材料是否合格齐全	
	4	工作前和调度电话联系，告知调度作业地点和工作任务并得到调度确定，方可工作	
	5	现场安全措施布置完毕，工作负责人得到全部工作许可人许可后，工作许可人在工作票上签名或记录	
	6	召开开工会，工作负责人宣读工作票，交代危险点及安全措施。经危险点、安全措施告知提问无误后，作业人员在工作票上签名确认	
	7	工作负责人现场复勘，核对工作线路双重命名、杆号，检查环境是否符合作业要求，检查线路装置是否具备不停电作业条件，检查工作票所列安全措施，必要时在工作票上补充安全技术措施	

2.2 作业程序

√	序号	作业内容	作业步骤及标准	安全措施及注意事项
	1	现场作业准备	到达作业现场以后，按照不停电现场标准化作业流程要求做好检查作业人员身体状况、现场测量风速及空气湿度、与调度联系、召开站班会、检查核对线路、检查放置工器具、材料和布置场地等现场作业前各项准备工作	（1）根据现场勘察情况，需停用重合闸的，提前一周通知调度。 （2）分工明确、交代安全措施详细。 （3）检查线路和树木的距离。 （4）现场安全措施完备，在交通繁忙的区域应设置"不停电作业，车辆绕行"的警示牌
	2	穿戴防护用具	斗内电工配戴好安全帽、绝缘安全带、穿戴好绝缘手套及外层防刺手套、绝缘披肩，戴上护目镜。工作负责人检查斗内电工绝缘防护用具穿戴情况。确认无误后，斗内电工方可进入工作斗	（1）戴清洁、干燥的手套，防止在使用时脏污和受潮。 （2）工器具材料应放在干净的绝缘垫上。
	3	上升工作斗	作业人员进入工作斗前，应检查工作斗是否超载。检查完毕后，斗内电工携带工器具进入工作斗，将工器具、材料分类放置在斗中和工具袋中。将安全带的钩子挂在斗内专用挂钩上。在做好上述准备工作后，由2号电工操作工作斗平稳上升。工作斗上升时，2号电工要选择好绝缘斗的升起回转路径，避开可能影响斗臂车升起、回转的障碍物	（1）人员进入工作斗前应空斗试操作1次，确认液压传动、回转、升降、伸缩系统工作正常，操作灵活，制动装置可靠。 （2）绝缘斗臂车作业前需可靠接地，接地体埋深0.6m以上。 （3）绝缘斗臂车工作应注意避开附近高低压线及障碍物。 （4）操作斗应平滑、稳定，上升过程中，对可能触及范围内的高低压带电部件需进行绝缘遮蔽

√	序号	作业内容	作业步骤及标准	安全措施及注意事项
	4	导线遮蔽	斗内2号电工操作斗臂车移至导线适合作业点处，由斗内1号电工对树木易碰到的导线用高压防护套管进行遮蔽，套入的高压防护套管开口朝下，接口处用绝缘树脂毯进行外包	（1）按照由近至远、从大到小、从低到高的原则进行遮蔽。 （2）用绝缘毯遮蔽时，要注意夹紧固定，两相邻绝缘毯间应有15cm以上重叠。 （3）作业位置周围如有接地拉线和低压线等设施，亦应使用绝缘遮蔽用具对周边物体进行绝缘隔离。 （4）无论导线是裸导线还是绝缘导线，在作业中均应进行绝缘遮蔽
	5	砍伐树木	斗内2号电工操作斗臂车至树干处，斗内1号电工用绝缘绳将树干绑扎牢固，由地面电工将绝缘绳向导线相反方向拉紧，斗内2号电工操作绝缘斗臂车到砍伐处，斗内1号电工用柴刀或汽油链锯将树木砍倒。依此方法将需要修剪的树木逐一进行修剪	（1）使用柴刀和汽油链锯时，应检查柴刀和汽油链锯性能良好，防止柴刀柄脱落和汽油链锯缺油。 （2）砍伐树木时，要注意树木不要倒落入到绝缘斗臂车上和导线上。修剪比较大的树枝，应先修剪小树枝，后砍伐大的树干。树木翻倒方向应与线路方向相反。如从树木两侧锯，导线侧锯口应高于反面锯口，并预先绑好绝缘绳，保证树木倒向导线反方向，绝缘绳长度应大于树木高度1.2倍以上
	6	拆除遮蔽	斗内2号电工操作斗臂车移至导线适合作业点处，依次拆除导线上的绝缘树脂毯和高压防护套管	按照由远至近、从小到大、从高到低原则拆除遮蔽
	7	竣工验收	带电砍伐邻近导线树木作业完成以后，斗内电工检查确认质量符合要求，导线上无树枝等遗留物，斗内2号电工向地面工作负责人汇报工作已经结束，经地面工作负责人同意返回地面	

2.3 作业终结

√	序号	作业终结内容要求项目	备注
	1	作业人员清理工作现场检查确认无问题	
	2	检查工器具、回收材料是否齐全	
	3	工作负责人组织全体作业人员召开收工会	
	4	全体作业人员撤离工作现场。工作负责人向工作许可人汇报，履行工作终结手续	
	5	召开班后会，进行总结，整理资料并归档	

3 验收总结

序号		内　　容
1	验收评价	
2	存在问题及处理意见	

附录 2　10kV××线××号杆无负荷不停电拆引线标准作业卡（绝缘杆作业）

编写：_____　___年__月__日

审批：_____　___年__月__日

作业负责人：_____

作业日期：___年__月__日__时至___年__月__日__时

1 作业前准备

1.1 准备工作安排

✓	序号	内容	标准	备注
	1	现场勘察	工作范围、杆塔周围环境、地形状况等，判断能否采用带电作业	
	2	联系调度	了解系统接线的运行方式，申请是否需要停用重合闸	
	3	组织现场作业人员学习标准作业卡	掌握整个操作程序，理解工作任务、质量标准及操作中的危险点及控制措施	
	4	出工前"三交三查"	（1）"三交"主要内容：工作任务、安全措施、技术措施、岗位分工、现场其他注意事项。 （2）"三查"主要内容：人员健康、精神状况、安全工器具是否完好等	

1.2 人员要求

✓	序号	内容	备注
	1	作业人员精神状态良好	
	2	具备必要的电气知识，并经《安规》考试合格	
	3	不停电作业人员必须经过不停电作业培训，经考试合格，并执证上岗	
	4	工作负责人必须进行现场勘察，熟悉现场情况	
	5	监护人应由有不停电作业实践经验的人员担任	
	6	监护人专心从事监护工作，不得从事其他工作	
	7	作业中互相关心施工安全，及时纠正不安全的行为	
	8	进入作业现场，穿合格工作服、绝缘鞋，戴安全帽	
	9	熟悉工作内容、工作流程，掌握安全措施，明确工作中的危险点	

1.3 工器具

✓	序号	名称	型号/规格	单位	数量	备注
	1	绝缘操作杆	10kV	根	5	单回路3m，双回路4m
	2	绝缘测量杆	3.5m	根	1	
	3	导线夹钳	10kV	把	1	
	4	线夹传送器		把	1	
	5	套筒	$\phi14$	只	1	
	6	绝缘遮蔽罩传送器		只	1	
	7	护目镜		副	2	

√	序号	名　称	型号/规格	单位	数量	备注
	8	拉线遮蔽罩	10kV	根	2	
	9	5型毯夹		只	2	
	10	柱式绝缘子遮蔽罩	10kV	个	2	双回路4个
	11	地电位导线遮蔽罩	10kV	个	4	双回路8个
	12	绝缘帽	10kV	顶	4	
	13	绝缘手套	10kV	双	2	
	14	羊皮手套		双	2	
	15	绝缘肩套	10kV	件	2	
	16	绝缘断线钳		把	1	
	17	绝缘测试仪	5000V	只	1	
	18	防潮垫	4m×4m	块	1	
	19	绝缘垫	1m×1m	块	2	
	20	围栏		m	50	
	21	绝缘绳	$\phi12×20m$	根	1	
	22	验电器	10kV	支	1	
	23	压接钳		把	1	
	24	脚扣		副	2	
	25	安全带		副	2	
	26	风速仪		只	1	
	27	干湿仪		只	1	
	28	个人工具包（含工具）		套	2	

1.4　材料

√	序号	名　称	型　号	单位	数量	备注
	1					
	2					
	3					

注　准备的材料根据现场情况具体确定。

1.5 危险点分析及安全控制措施

√	序号	危险点	安全控制措施	备注
	1	触电	（1）不停电作业必须在良好的天气下进行，工作中如遇雷、雨、雾，风力大于五级等不利于不停电作业的天气，工作负责人应立即停止现场作业。 （2）不停电作业开带电工作票，调度许可工作后，方可开始作业。 （3）不停电作业工器具在使用前必须经过严格测试合格后方可使用。 （4）装设或拆除绝缘遮蔽措施时应戴绝缘手套，对可能触及的区域的所有带电体，用绝缘操作杆进行绝缘遮蔽。 （5）搭接时工作负责人应密切注视作业人员与带电部位的距离，及时提醒。 （6）作业人员上下移动应征得工作负责人的许可。 （7）拉开引流线后端线路开关或变压器高压侧的跌落式熔断器	
	2	高空坠落	（1）高空作业应使用安全带，戴安全帽。 （2）杆上转移作业位置时，不得失去安全带的保护。 （3）安全带要系在牢固的主材上。 （4）严禁利用绳索、拉线上下杆塔或顺杆下滑。禁止携带器材登杆，上下杆时必须全过程系好安全带	
	3	高处坠物伤人	（1）现场人员必须戴好安全帽。 （2）电杆上作业防止掉东西，使用工器具、材料等放在工具袋内，工器具的传递要使用传递绳	
	4	相间短路	应采取防止引流线摆动措施，防止安全距离不够造成相间短路	

1.6 作业分工

√	序号	分工项目	分组负责人（签名）	作业人员（签名）
	1	材料准备		
	2	工器具准备		
	3	工作负责人（监护人）		
	4	杆上1号电工		
	5	杆上2号电工		
	6	地面电工		

2 作业程序

✓	序号	作业内容	作业步骤及标准	安全措施及注意事项
	1	工作现场查勘	（1）工作负责人检查线路双重命名杆号、天气温度湿度及风速，配网装置。 （2）工作班成员检查杆根，埋深及拉线	（1）线路双重命名、气象条件及配网装置必须符合带电作业要求。 （2）电杆埋深、杆根、拉线情况良好
	2	工作许可	工作前和现场调度联系，经现场调度许可签名后，方可工作	根据现场勘察情况，是否需停用重合闸
	3	现场交查	（1）工作负责人向列队的工作班成员宣读工作票交代工作任务，安全措施、注意事项。 （2）检查工作班人员精神状况、着装及个人工器具	（1）分工明确、交代安全措施详细。 （2）检查被接线路确在空载和检修状态。 （3）脚扣、安全带应在试验周期内
	4	设置围栏	作业现场装设安全围栏	现场安全措施完备
	5	检查工器具	（1）检查摇测绝缘操作杆、绝缘绳、绝缘遮蔽罩进行外观检查，做好开工前的准备工作。 （2）工器具不损坏变形、失灵，操作灵活，测量准确。 （3）绝缘手套、绝缘遮蔽罩应无针孔、裂纹、砂眼。 （4）用5000V绝缘摇表进行摇测，其阻值不得低于700MΩ	（1）戴清洁、干燥的手套，防止在使用时脏污和受潮。 （2）工器具材料应放在干净的防潮垫上
	6	验电	（1）1号电工穿戴好绝缘靴、绝缘手套、绝缘安全帽、护目镜和其他绝缘防护用具。 （2）1号杆上电工上杆，对跌落式熔断器上下桩及接地体验电	确认跌落式熔断器上下桩头及接地体无电压
	7	传递工器具	（1）2号电工穿戴好绝缘靴、绝缘手套、绝缘安全帽、护目镜和其他绝缘防护用具。 （2）地面电工将准备好的工具传递给2号电工	地面电工将准备好的工具帮扎牢固，分先后次序传递上杆
	8	装设绝缘遮蔽	（1）1号电工对安全距离不足的拉线、导线按由近到远、从下到上，从里到外的顺序做好安全隔离措施，选好合适的作业位置。 （2）然后2号电工进入作业位置	（1）杆上电工与高压带电设备必须保持0.4m安全距离。 （2）对可能触及的区域的所有带电体，用绝缘操作杆进行绝缘遮蔽。 （3）操作杆有效长度不小于0.7m

√	序号	作业内容	作业步骤及标准	安全措施及注意事项
	9	拆除外边相引线	按工作负责人（监护人）指令，1号电工用绝缘夹钳将外边相引线端头锁紧，2号电工用绝缘套筒松开异型线夹螺栓，1号电工用绝缘夹钳将引线端头从异型线夹抽出，1号、2号电工配合取下导线上异型线夹。（注：异型线夹螺栓朝向不能用绝缘套筒松开就使用绝缘断线钳将线夹处引线剪断）	（1）绝缘夹钳一定锁紧引线。 （2）抽出引流线时保持与接地体的安全距离并做好防止引流线弹跳措施。 （3）操作杆有效长度不小于0.7m
	10	拆除内边相引线	按工作负责人（监护人）指令，1号电工用绝缘夹钳将内边相引线端头锁紧，2号电工用绝缘套筒松开异型线夹螺栓，1号电工用绝缘夹钳将引线端头从异型线夹抽出，1号、2号电工配合取下导线上异型线夹。（注：异型线夹螺栓朝向不能用绝缘套筒松开就使用绝缘断线钳将线夹处引线剪断）	（1）绝缘夹钳一定锁紧引线。 （2）抽出引流线时保持与接地体的安全距离并做好防止引流线弹跳措施。 （3）操作杆有效长度不小于0.7m
	11	拆除中相引线	按工作负责人（监护人）指令，1号电工用绝缘夹钳将中相引线端头锁紧，2号电工用绝缘套筒松开异型线夹螺栓，1号电工用绝缘夹钳将引线端头从异型线夹抽出，1号、2号电工配合取下导线上异型线夹。（注：异型线夹螺栓朝向不能用绝缘套筒松开就使用绝缘断线钳将线夹处引线剪断）	（1）绝缘夹钳一定锁紧引线。 （2）抽出引流线时保持与接地体的安全距离并做好防止引流线弹跳措施。 （3）操作杆有效长度不小于0.7m
	12	拆除绝缘遮蔽及工具	（1）1号电工对拉线、导线的绝缘遮蔽按由远到近、从上到下，从外到里的顺序拆除绝缘遮蔽措施。 （2）拆除绝缘杆	（1）杆上电工与高压带电设备必须保持0.4m安全距离。 （2）对可能触及的区域的所有带电体，用绝缘操作杆进行绝缘遮蔽。 （3）操作杆有效长度不小于0.7m
	13	竣工验收	无负荷不停电拆引线作业完成以后，2号电工检查确认质量符合要求，杆塔上无遗留物，2号电工向地面工作负责人汇报工作已经结束，经工作负责人同意返回地面	

3 作业终结

√	序号	作业终结内容要求项目	备注
	1	作业人员清理工作现场检查确无问题	
	2	检查工器具、回收材料是否齐全	
	3	工作负责人组织全体作业人员召开收工会	
	4	全体作业人员撤离工作现场。工作负责人向工作许可人汇报，履行工作终结手续	
	5	召开班后会，进行总结。整理资料并归档	

4 验收总结

序号		内　容
1	验收评价	
2	存在问题及处理意见	

附录 3　10kV××线××号杆无负荷不停电搭引线标准作业卡（绝缘杆作业）

编写：＿＿＿＿＿＿＿＿＿＿＿　＿＿＿年＿月＿日

审批：＿＿＿＿＿＿＿＿＿＿＿　＿＿＿年＿月＿日

作业负责人：＿＿＿＿＿＿＿＿＿

作业日期：＿＿＿年＿月＿日＿时至＿＿＿年＿月＿日＿时

1 作业前准备

1.1 准备工作安排

√	序号	内 容	标 准	备 注
	1	现场勘察	工作范围、杆塔周围环境、地形状况等，判断能否采用不停电作业	
	2	联系调度	了解系统接线的运行方式，申请是否需要停用重合闸	
	3	组织现场作业人员学习标准作业卡	掌握整个操作程序，理解工作任务、质量标准及操作中的危险点及控制措施	
	4	出工前"三交三查"	（1）"三交"主要内容：工作任务、安全措施、技术措施、岗位分工、现场其他注意事项。 （2）"三查"主要内容：人员健康、精神状况、安全工器具是否完好等	

1.2 人员要求

√	序号	内 容	备 注
	1	作业人员精神状态良好	
	2	具备必要的电气知识，并经《安规》考试合格	
	3	不停电作业人员必须经过不停电作业培训，经考试合格，并执证上岗	
	4	工作负责人必须进行现场勘察，熟悉现场情况	
	5	监护人应由有不停电作业实践经验的人员担任	
	6	监护人专心从事监护工作，不得从事其他工作	
	7	作业中互相关心施工安全，及时纠正不安全的行为	
	8	进入作业现场，穿合格工作服、绝缘鞋，戴安全帽	
	9	熟悉工作内容、工作流程，掌握安全措施，明确工作中的危险点	

1.3 工器具

√	序号	名 称	型号/规格	单位	数量	备注
	1	绝缘操作杆	10kV	根	5	单回路 3m，双回路 4m
	2	绝缘测量杆	3.5m	根	1	
	3	导线夹钳	10kV	把	1	
	4	线夹传送器		把	1	
	5	套筒	$\phi14$	只	1	
	6	绝缘遮蔽罩传送器		只	1	
	7	氧化层清除器		只	1	

√	序号	名　称	型号/规格	单位	数量	备注
	8	拉线遮蔽罩	10kV	根	2	
	9	5型毯夹		只	2	
	10	柱式绝缘子遮蔽罩	10kV	个	2	双回路4个
	11	地电位导线遮蔽罩	10kV	个	4	双回路8个
	12	绝缘帽	10kV	顶	4	
	13	绝缘手套	10kV	双	2	
	14	羊皮手套		双	2	
	15	绝缘肩套	10kV	件	2	
	16	断线钳		把	1	
	17	钢卷尺	3.5m	把	1	
	18	绝缘测试仪	5000V	只	1	
	19	防潮垫	4m×4m	块	1	
	20	绝缘垫	1m×1m	块	2	
	21	围栏		m	50	
	22	绝缘绳	$\phi 12 \times 20m$	根	1	
	23	验电器	10kV	支	1	
	24	压接钳		把	1	
	25	脚扣		副	2	
	26	安全带		副	2	
	27	护目镜		副	2	
	28	风速仪		只	1	
	29	干湿仪		只	1	
	30	个人工具包（含工具）		套	2	

1.4 材料

√	序号	名　称	型　号	单位	数量	备注
	1	导线	LJ-50	m	4	
	2	搪锡铜接头	50	只	3	
	3	异型线夹	50-240	只	6	
	4	导电膏		支	1	

注　准备的材料根据现场情况具体确定。

1.5 危险点分析及安全控制措施

√	序号	危险点	安全控制措施	备注
	1	触电	（1）不停电作业必须在良好的天气下进行，工作中如遇雷、雨、雾，风力大于五级等不利于不停电作业的天气，工作负责人应立即停止现场作业。 （2）不停电作业开带电工作票，调度许可工作后，方可开始作业。 （3）不停电作业工器具在使用前必须经过严格测试合格后方可使用。 （4）装设或拆除绝缘遮蔽措施时应戴绝缘手套，对可能触及的区域的所有带电体，用绝缘操作杆进行绝缘遮蔽。 （5）搭接时，工作负责人应密切注视作业人员与带电部位的距离，及时提醒。 （6）作业人员上下移动应征得工作负责人的许可。 （7）拉开引流线后端线路开关或变压器高压侧的跌落式熔断器	
	2	高空坠落	（1）高空作业应使用安全带，戴安全帽。 （2）杆上转移作业位置时，不得失去安全带的保护。 （3）安全带要系在牢固的主材上。 （4）严禁利用绳索、拉线上下杆塔或顺杆下滑。禁止携带器材登杆，上下杆时必须全过程系好安全带	
	3	高处坠物伤人	（1）现场人员必须戴好安全帽。 （2）电杆上作业防止掉东西，使用工器具、材料等放在工具袋内，工器具的传递要使用传递绳	
	4	相间短路	应采取防止引流线摆动措施，防止安全距离不够造成相间短路	

1.6 作业分工

√	序号	分工项目	分组负责人（签名）	作业人员（签名）
	1	材料准备		
	2	工器具准备		
	3	工作负责人（监护人）		
	4	杆上1号电工		
	5	杆上2号电工		
	6	地面电工		

2 作业程序

√	序号	作业内容	作业步骤及标准	安全措施及注意事项
	1	工作现场查勘	（1）工作负责人检查线路双重命名杆号、天气温度湿度及风速，配网装置。 （2）工作班成员检查杆根，埋深及拉线	（1）线路双重命名、气象条件及配网装置必须符合不停电作业要求。 （2）电杆埋深、杆根、拉线情况良好

√	序号	作业内容	作业步骤及标准	安全措施及注意事项
	2	工作许可	工作前和现场调度联系，经现场调度许可签名后，方可工作	根据现场勘察情况，需停用重合闸
	3	现场交查	(1) 工作负责人向列队的工作班成员宣读工作票交代工作任务，安全措施、注意事项。 (2) 检查工作班人员精神状况、着装及个人工器具	(1) 分工明确、交代安全措施详细。 (2) 检查被接线路确在空载和检修状态。 (3) 脚扣、安全带应在试验周期内
	4	设置围栏	作业现场装设安全围栏	现场安全措施完备
	5	检查工器具	(1) 检查摇测绝缘操作杆，绝缘手套、绝缘绳、绝缘遮蔽罩进行外观检查，做好开工前的准备工作。 (2) 工器具不损坏变形、失灵，操作灵活，测量准确。 (3) 绝缘手套、绝缘遮蔽罩应无针孔、裂纹、砂眼。 (4) 用5000V绝缘摇表进行摇测，其阻值不得低于700MΩ	(1) 戴清洁、干燥的手套，防止在使用时脏污和受潮。 (2) 工器具材料应放在干净的防潮垫上
	6	验电	(1) 1号电工穿戴好绝缘靴、绝缘手套、绝缘安全帽、护目镜和其他绝缘防护用具。 (2) 1号杆上电工上杆，对跌落式熔断器上下桩及接地体验电	确认跌落式熔断器上下桩头及接地体无电压
	7	传递工器具	(1) 2号电工穿戴好绝缘靴、绝缘手套、绝缘安全帽、护目镜和其他绝缘防护用具。 (2) 地面电工将准备好的工具传给2号电工	地面电工将准备好的工具帮扎牢固，分先后次序传递上杆
	8	测量三相引线	杆上1号电工用绝缘测量杆量出中相和两内边相引线长度	(1) 杆上电工与高压带电设备必须保持0.4m安全距离。 (2) 操作杆有效长度不小于0.7m。 (3) 绝缘测量杆应拉到位方可测量长度
	9	装设绝缘遮蔽	(1) 1号电工对安全距离不足的拉线、导线按由近到远、从下到上，从里到外的顺序做好安全隔离措施，选好合适的作业位置。 (2) 然后2号电工进入作业位置	(1) 杆上电工与高压带电设备必须保持0.4m安全距离。 (2) 对可能触及的区域的所有带电体，用绝缘操作杆进行绝缘遮蔽。 (3) 操作杆有效长度不小于0.7m

√	序号	作业内容	作业步骤及标准	安全措施及注意事项
	10	清除氧化层	用氧化层清除器将导线氧化层清除	（1）杆上电工与高压带电设备必须保持0.4m安全距离。 （2）操作杆有效长度不小于0.7m
	11	制作引线	（1）杆上1号电工用绝缘测量杆量出三相引线长度。 （2）地面电工将制作好的引流线帮扎牢固传递给杆上2号电工	（1）绝缘测量杆应拉到位方可测量长度。 （2）地面电工取引线长度应为杆上电工测出的直线长度加20cm取量。 （3）所用接头型号与导线应相匹配，压接处应接触良好可靠。 （4）引线应捆扎成圆形
	12	将引线固定在三相跌落式熔断器上桩头	1号电工将引流线搪锡铜接头端按长度对应固定在三相跌落式熔断器上桩头	（1）引流线连接应牢固、可靠。 （2）1号电工应做好防止引流线弹跳措施
	13	两边相引线试搭	2号电工用绝缘夹钳依次将两边相引线端头送到相对应两边带电导线附近，确认引线长度正确	（1）绝缘夹钳一定锁紧引线。 （2）提升引流线时保持与接地体的安全距离
	14	搭接中相引线	按工作负责人（监护人）指令，2号电工用绝缘夹钳将引线端头送到中相带电导线附近，1号电工将异型线夹送至搭接位置，1号、2号电工配合通过操作杆将主、支线用异型线夹固定牢靠	（1）绝缘夹钳一定锁紧引线。 （2）提升引流线时保持与接地体的安全距离。 （3）异型线夹上应使用导电膏，确保与导线连接牢固可靠。 （4）操作杆有效长度不小于0.7m
	15	搭接外边相引线	按工作负责人（监护人）指令，依次拆除外边相导线上的导线遮蔽罩和柱式绝缘子遮蔽罩。2号电工用绝缘夹钳将引线端头送到外边相带电导线附近，1号电工将异型线夹送到搭接位置，1号、2号电工配合通过操作杆将外边相主、支线用异型线夹固定牢靠	（1）绝缘夹钳一定锁紧引线。 （2）提升引流线时保持与接地体的安全距离。 （3）异型线夹上应使用导电膏，确保与导线连接牢固可靠。 （4）操作杆有效长度不小于0.7m
	16	搭接内边相引线	按工作负责人（监护人）指令，依次拆除内边相导线上的导线遮蔽罩和柱式绝缘子遮蔽罩。2号电工用绝缘夹钳将引线端头送到内边相带电导线附近，1号电工将异型线夹送至搭接位置，1号、2号电工配合通过操作杆将内边相主、支线用异型线夹固定牢靠	（1）绝缘夹钳一定锁紧引线。 （2）提升引流线时保持与接地体的安全距离。 （3）异型线夹上应使用导电膏，确保与导线连接牢固可靠。 （4）操作杆有效长度不小于0.7m

√	序号	作业内容	作业步骤及标准	安全措施及注意事项
	17	拆除绝缘遮蔽及工具	（1）1号电工对拉线、导线的绝缘遮蔽按由远到近、从上到下、从外到里的顺序拆除绝缘遮蔽措施。 （2）拆除绝缘杆	（1）杆上电工与高压带电设备必须保持0.4m安全距离。 （2）对可能触及的区域的所有带电体，用绝缘操作杆进行绝缘遮蔽。 （3）操作杆有效长度不小于0.7m
	18	竣工验收	无负荷带电搭引线作业完成以后，2号电工检查确认质量符合要求，杆塔上无遗留物，2号电工向地面工作负责人汇报工作已经结束，经工作负责人同意返回地面	

3　作业终结

√	序号	作业终结内容要求项目	备　注
	1	作业人员清理工作现场检查确无问题	
	2	检查工器具、回收材料是否齐全	
	3	工作负责人组织全体作业人员召开收工会	
	4	全体作业人员撤离工作现场。工作负责人向工作许可人汇报，履行工作终结手续	
	5	召开班后会，进行总结。整理资料并归档	

4　验收总结

序号	内　容	
1	验收评价	
2	存在问题及处理意见	

附录4　10kV××线××号杆不停电更换避雷器标准作业卡（绝缘手套作业）

编写：＿＿＿＿＿＿＿＿＿＿＿＿＿＿　＿＿＿年＿月＿日

审批：＿＿＿＿＿＿＿＿＿＿＿＿＿＿　＿＿＿年＿月＿日

作业负责人：＿＿＿＿＿＿＿＿＿＿

作业日期：＿＿＿年＿月＿日＿时至＿＿＿年＿月＿日＿时

1 作业前准备

1.1 准备工作安排

√	序号	内　容	标　准	备　注
	1	现场勘察	工作负责人依据"配电作业现场勘察记录表"进行现场勘察，做好现场勘察记录	
	2	联系调度	联系调度，了解系统接线的运行方式，申请是否需要停用重合闸	
	3	组织现场作业人员学习标准作业卡	组织现场作业人员学习指导卡，掌握整个操作程序，理解工作任务、质量标准及操作中的危险点及控制措施	
	4	出工前"三交三查"	（1）"三交"主要内容：工作任务、安全措施、技术措施、岗位分工、现场其他注意事项。 （2）"三查"主要内容：人员健康、精神状况、劳保着装情况和安全工器具是否完好等	

1.2 人员要求

√	序号	内　容	备　注
	1	作业人员精神状态良好	
	2	具备必要的电气知识，并经《安规》考试合格	
	3	不停电作业人员必须经过不停电作业培训，经考试合格，并执证上岗	
	4	工作负责人必须进行现场勘察，熟悉现场情况	
	5	监护人应由有不停电作业实践经验的人员担任	
	6	被监护人在作业过程中监护人应专心监护，不得从事其他工作	
	7	作业中互相关心施工安全，及时纠正不安全的行为	
	8	进入作业现场，穿合格工作服、绝缘鞋，戴安全帽	
	9	熟悉工作内容、工作流程和技术要求，掌握安全措施，明确工作中的危险点及防范措施	
	10	作业人员应熟悉绝缘斗臂车的操作程序及绝缘工具的正确使用	

1.3 工器具

√	序号	名　称	型号/规格	单位	数量	备注
	1	绝缘斗臂车	16.8m	辆	1	
	2	绝缘安全带		根	2	
	3	绝缘手套（含羊皮手套）	YS－101－31－03	双	2	
	4	绝缘绳		根	1	
	5	绝缘帽	YS－125－02－01	顶	4	
	6	绝缘披肩	YS－126－01－05	件	2	

√	序号	名　　称	型号/规格	单位	数量	备注
	7	绝缘树脂毯	YS-241-01-04	块	6	
	8	绝缘毯夹	5型	个	12	
	9	绝缘挡板	JGB-1	块	2	
	10	验电器	10kV	支	1	
	11	绝缘检测仪	5000V	只	1	
	12	对讲机		部	2	
	13	绝缘锁杆			1	
	14	充气式绝缘手套检测仪		只	1	
	15	绝缘跳线管		根	6	
	16	风速测试仪		台	1	
	17	湿度仪		台	1	
	18	安全围绳		m	100	
	19	道路警示牌		块	2	
	20	干燥清洁巾		块	2	
	21	工具包（含工具）		套	1	
	22	防潮垫		块	1	

1.4　材料

√	序号	名　　称	型　号	单位	数量	备注
	1	避雷器		只	3	

注　准备的材料根据现场情况具体决定。

1.5　危险点分析及安全控制措施

√	序号	危险点	安全控制措施	备注
	1	触电	（1）不停电作业必须在良好的天气下进行，工作中如遇雷、雨、雾、风力大于五级等不利于不停电作业的天气，工作负责人应立即停止现场作业。 （2）不停电人员作业时应保持对带电体距离0.4m以上，对邻相带电体距离0.6m以上，绝缘操作杆有效长度0.7m及以上，绝缘绳有效长度0.4m以上，绝缘臂有效长度1m以上。若小于上述距离必须增加绝缘遮蔽措施。 （3）装设、拆除绝缘遮蔽时应戴绝缘手套，必要时使用绝缘杆，作业人员与绝缘遮蔽物发生短时接触的部位应采用组合绝缘遮蔽。一相作业完成后，应迅速对其恢复和保持绝缘遮蔽，然后再对另一相开展作业。 （4）用绝缘毯遮蔽时，要注意夹紧固定，两相邻绝缘毯间应有15cm以上重叠。 （5）工作中车体应良好接地，斗臂车金属臂仰起、回转运动中与带电体的安全距离不得小于1m，若小于上述距离必须增加绝缘遮蔽措施	

√	序号	危险点	安全控制措施	备注
	2	高空坠落	绝缘斗中的作业人员应使用安全带，戴好绝缘安全帽。安全带必须系在工作斗内专用挂钩上	
	3	高处坠物伤人	现场作业人员必须戴安全帽。绝缘液压臂及作业点的垂直下方严禁站人，高空作业防止掉东西，上下传递物件应用绝缘绳拴牢，严禁上下抛掷。作业范围四周应设围栏和警示标志，防止非作业人员进入作业区	
	4	线路短路接地	应采取防止引流线摆动的措施，当引线间距离不能满足要求时，需进行绝缘遮蔽	

1.6 作业分工

√	序号	分工项目	分组负责人（签名）	作业人员（签名）
	1	工作负责人（专职监护人）		
	2	工器具准备		
	3	斗内1号电工		
	4	斗内2号电工		
	5	地面电工		

1.7 定置图及围栏图

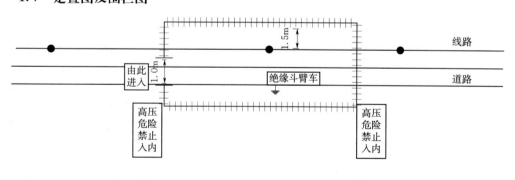

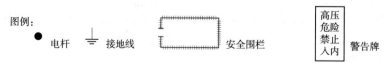

10kV ××线××号杆不停电更换避雷器现场作业布置图

2 作业阶段

2.1 开工

✓	序号	开工内容项目	备注
	1	进入现场人员均应戴好安全帽，做好个人防护措施	
	2	在居民和交通道口作业时，工作场所周围装设可靠遮栏，必要时加挂警示标牌	
	3	检查工器具、材料是否合格齐全	
	4	工作前和调度电话联系，告知调度作业地点和工作任务并得到调度确定，方可工作	
	5	现场安全措施布置完毕，工作负责人得到全部工作许可人许可后，工作许可人在工作票上签名或记录	
	6	召开开工会，工作负责人宣读工作票，交代危险点及安全措施。经危险点、安全措施告知提问无误后，作业人员在工作票上签名确认	
	7	工作负责人现场复勘，核对工作线路双重命名、杆号，检查环境是否符合作业要求，检查线路装置是否具备不停电作业条件，检查工作票所列安全措施，必要时在工作票上补充安全技术措施	

2.2 作业程序

✓	序号	作业内容	作业步骤及标准	安全措施及注意事项
	1	现场作业准备	到达作业现场以后，按照不停电现场标准化作业流程要求做好检查作业人员身体状况、现场测量风速及空气湿度、与调度联系、召开站班会、检查核对线路、检查放置工器具、材料和布置场地等现场作业前各项准备工作	（1）根据现场勘察情况，需停用重合闸的，提前一周通知调度。 （2）分工明确、交代安全措施详细。 （3）检查线路和树木的距离。 （4）现场安全措施完毕，在交通繁忙的区域应设置"不停电作业，车辆绕行"的警示牌
	2	穿戴防护用具	斗内电工配戴好安全帽、绝缘安全带、穿戴好绝缘手套及外层防刺手套、绝缘披肩，戴上护目镜。工作负责人检查斗内电工绝缘防护用具穿戴情况，确认无误后，斗内电工方可进入工作斗	（1）戴清洁、干燥的手套，防止在使用时脏污和受潮。 （2）工器具材料应放在干净的绝缘垫上
	3	上升工作斗	作业人员进入工作斗前，应检查工作斗是否超载。检查完毕后，斗内电工携带工器具进入工作斗，将工器具、材料分类放置在斗中和工具袋中，将安全带的钩子挂在斗内专用挂钩上。在做好上述准备工作后，由2号电工操作工作斗平稳上升。工作斗上升时，2号电工要选择好绝缘斗的升起回转路径，避开可能影响斗臂车升起、回转的障碍物	（1）人员进入工作斗前应空斗试操作1次，确认液压传动、回转、升降、伸缩系统工作正常，操作灵活，制动装置可靠。 （2）绝缘斗臂车作业前需可靠接地，接地体埋深0.6m以上。 （3）绝缘斗臂车工作应注意避开附近高低压线及障碍物。 （4）操作斗应平滑、稳定，上升过程中，对可能触及范围内的高低压带电部件需进行绝缘遮蔽

√	序号	作业内容	作业步骤及标准	安全措施及注意事项
	4	验电	工作斗升至作业点处，由1号电工对10kV验电器进行检测，在验电器检测正常后，用验电器从下方至上方依次对杆塔、横担进行验电。在验电过程中斗内2号电工负责监护。验电完成后，斗内2号电工向地面工作负责人报告验电结果。地面工作负责人指示斗内电工进行下一步作业	选取相应电压等级的验电器
	5	更换外边相避雷器	斗内2号电工操作绝缘斗臂车移至外边相避雷器合适作业点处。斗内1号电工用绝缘挡板把中相与外边相隔离，用绝缘跳线管和绝缘树脂毯对避雷器、横担和引线进行遮蔽。1号电工拆除避雷器引线，用锁杆将引线与避雷器分离并保持一定距离，并对避雷器引线进行遮蔽，拆除旧避雷器，安装好新的避雷器和接地引下线，用绝缘树脂毯对新装避雷器进行遮蔽，然后，用绝缘锁杆将引线连接到避雷器上桩头并固定。最后拆除横担和避雷器上的树脂毯，拆除上桩头引线跳线管	（1）用绝缘毯遮蔽时，要注意夹紧固定，两相邻绝缘毯间应有15cm以上重叠。 （2）引线搭接时，速度应该迅速准确。 （3）引线摆动不能过大，动作仔细小心。 （4）按照由近至远、从大到小、从低到高的原则进行遮蔽。 （5）按照由远至近、从小到大、从高到低原则拆除遮蔽
	6	更换中相避雷器	斗内2号电工操作绝缘斗臂车靠近中相避雷器作业点，用绝缘挡板对中相与电杆进行隔离，用绝缘跳线管和绝缘树脂毯对避雷器、横担和引线进行遮蔽。1号电工拆除避雷器引线，用锁杆将引线与避雷器分离并保持一定距离，并对避雷器引线进行遮蔽，拆除旧避雷器，安装好新的避雷器和接地引下线，用绝缘树脂毯对新装避雷器进行遮蔽，然后，用绝缘锁杆将引线连接到避雷器上桩头并固定。最后拆除横担和避雷器上的树脂毯，拆除上桩头引线跳线管和绝缘挡板	（1）用绝缘毯遮蔽时，要注意夹紧固定，两相邻绝缘毯间应有15cm以上重叠。 （2）引线搭接时，速度应该迅速准确。 （3）引线摆动不能过大，动作仔细小心。 （4）按照由近至远、从大到小、从低到高的原则进行遮蔽。 （5）按照由远至近、从小到大、从高到低原则拆除遮蔽

√	序号	作业内容	作业步骤及标准	安全措施及注意事项
	7	更换内边相避雷器	2号电工操作绝缘斗臂车靠近内边相避雷器作业点，用绝缘挡板对内边相与电杆进行隔离，用绝缘跳线管和绝缘树脂毯对避雷器、横担和引线进行遮蔽。1号电工拆除避雷器引线，用锁杆将引线与避雷器分离并保持一定距离，并对避雷器引线进行遮蔽，拆除旧避雷器，安装好新的避雷器和接地引下线，用绝缘树脂毯对新装避雷器进行遮蔽，然后，用绝缘锁杆将引线连接到避雷器上桩头并固定。最后拆除横担和避雷器上的树脂毯，拆除上桩头引线跳线管和绝缘挡板	（1）用绝缘毯遮蔽时，要注意夹紧固定，两相邻绝缘毯间应有15cm以上重叠。 （2）引线搭接时，速度应该迅速准确。 （3）引线摆动不能过大，动作仔细小心。 （4）按照由近至远、从大到小、从低到高的原则进行遮蔽。 （5）按照由远至近、从小到大、从高到低原则拆除遮蔽
	8	竣工验收	避雷器更换完成以后，斗内电工检查确认质量符合要求，杆塔上已无遗留物，斗内2号电工向地面工作负责人汇报工作已经结束，经地面工作负责人同意返回地面	

2.3 作业终结

√	序号	作业终结内容要求项目	备注
	1	作业人员清理工作现场检查确无问题	
	2	检查工器具、回收材料是否齐全	
	3	工作负责人组织全体作业人员召开收工会	
	4	全体作业人员撤离工作现场，工作负责人向工作许可人汇报，履行工作终结手续	
	5	召开班后会，进行总结。整理资料并归档	

3 验收总结

序号	内　容	
1	验收评价	
2	存在问题及处理意见	

附录 5 10kV××线××号杆无负荷不停电拆引线标准作业卡（绝缘手套作业）

编写：＿＿＿＿＿＿＿＿＿＿＿ ＿＿年＿月＿日

审批：＿＿＿＿＿＿＿＿＿＿＿ ＿＿年＿月＿日

作业负责人：＿＿＿＿＿＿＿＿

作业日期：＿＿＿年＿月＿日＿时至＿＿＿年＿月＿日＿时

1 作业前准备

1.1 准备工作安排

√	序号	内 容	标 准	备 注
	1	现场勘察	工作负责人依据"配电作业现场勘察记录表"进行现场勘察，做好现场勘察记录	
	2	联系调度	联系调度，了解系统接线的运行方式，申请是否需要停用重合闸	
	3	组织现场作业人员学习标准作业卡	组织现场作业人员学习指导卡，掌握整个操作程序，理解工作任务、质量标准及操作中的危险点及控制措施	
	4	出工前"三交三查"	（1）"三交"主要内容：工作任务、安全措施、技术措施、岗位分工、现场其他注意事项。 （2）"三查"主要内容：人员健康、精神状况、劳保着装情况和安全工器具是否完好等	

1.2 人员要求

√	序号	内 容	备 注
	1	作业人员精神状态良好	
	2	具备必要的电气知识，并经《安规》考试合格	
	3	不停电作业人员必须经过不停电作业培训，经考试合格，并执证上岗	
	4	工作负责人必须进行现场勘察，熟悉现场情况	
	5	监护人应由有不停电作业实践经验的人员担任	
	6	被监护人在作业过程中监护人应专心监护，不得从事其他工作	
	7	作业中互相关心施工安全，及时纠正不安全的行为	
	8	进入作业现场，穿合格工作服、绝缘鞋，戴安全帽	
	9	熟悉工作内容、工作流程和技术要求，掌握安全措施，明确工作中的危险点及防范措施	
	10	作业人员应熟悉绝缘斗臂车的操作程序及绝缘工具的正确使用	

1.3 工器具

√	序号	名 称	型号/规格	单位	数量	备注
	1	绝缘斗臂车	16.8m	辆	1	
	2	绝缘安全带		根	2	
	3	绝缘手套（含羊皮手套）	YS－101－31－03	双	2	
	4	绝缘绳		根	1	
	5	绝缘帽	YS－125－02－01	顶	4	
	6	绝缘披肩	YS－126－01－05	件	2	

√	序号	名　　称	型号/规格	单位	数量	备注
	7	绝缘树脂毯	YS－241－01－04	块	6	
	8	绝缘毯夹	5型	个	12	
	9	绝缘锁杆	$\phi 30 \times 1200mm$	根	1	
	10	验电器	10kV	支	1	
	11	绝缘检测仪	5000V	只	1	
	12	对讲机		部	2	
	13	防潮垫		块	1	
	14	充气式绝缘手套检测仪		只	1	
	15	导线遮蔽罩		根	2	
	16	风速测试仪		台	1	
	17	湿度仪		台	1	
	18	安全围绳		m	100	
	19	道路警示牌		块	2	
	20	干燥清洁巾		块	2	
	21	工具包（含工具）		套	1	

1.4　材料

√	序号	名　　称	型　号	单位	数量	备注
	1					

注　准备的材料根据现场情况具体决定。

1.5　危险点分析及安全控制措施

√	序号	危险点	安全控制措施	备注
	1	触电	（1）不停电作业必须在良好的天气下进行，工作中如遇雷、雨、雾、风力大于五级等不利于不停电作业的天气，工作负责人应立即停止现场作业。 （2）不停电人员作业时应保持对带电体距离0.4m以上，对邻相带电体距离0.6m以上，绝缘操作杆有效长度0.7m及以上，绝缘绳有效长度0.4m以上，绝缘臂有效长度1m以上。若小于上述距离必须增加绝缘遮蔽措施。 （3）装设、拆除绝缘遮蔽时应戴绝缘手套，必要时使用绝缘杆，作业人员与绝缘遮蔽物发生短时接触的部位应采用组合绝缘遮蔽。一相作业完成后，应迅速对其恢复和保持绝缘遮蔽，然后再对另一相开展作业。 （4）用绝缘毯遮蔽时，要注意夹紧固定，两相邻绝缘毯间应有15cm以上重叠。 （5）工作中车体应良好接地，斗臂车金属臂仰起、回转运动中与带电体的安全距离不得小于1m，若小于上述距离必须增加绝缘遮蔽措施	

√	序号	危险点	安全控制措施	备注
	2	高空坠落	绝缘斗中的作业人员应使用安全带，戴好绝缘安全帽。安全带必须系在工作斗内专用挂钩上	
	3	高处坠物伤人	现场作业人员必须戴安全帽。绝缘液压臂及作业点的垂直下方严禁站人，高空作业防止掉东西，上下传递物件应用绝缘绳拴牢，严禁上下抛掷。作业范围四周应设围栏和警示标志，防止非作业人员进入作业区	
	4	线路短路接地	应采取防止引流线摆动的措施，当引线间距离不能满足要求时，需进行绝缘遮蔽	

1.6 作业分工

√	序号	分工项目	分组负责人（签名）	作业人员（签名）
	1	工作负责人（专职监护人）		
	2	工器具准备		
	3	斗内1号电工		
	4	斗内2号电工		
	5	地面电工		

1.7 定置图及围栏图

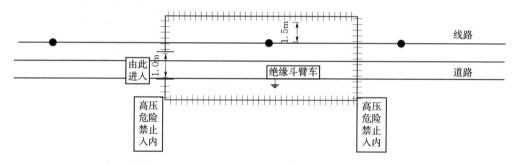

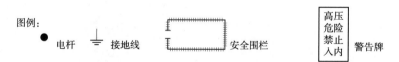

图例：　●电杆　⏚接地线　▭安全围栏　▯高压危险禁止入内 警告牌

10kV ××线××号杆无负荷不停电拆引线现场作业布置图

2 作业阶段

2.1 开工

√	序号	开工内容项目	备注
	1	进入现场人员均应戴好安全帽，做好个人防护措施	

√	序号	开工内容项目	备注
	2	在居民和交通道口作业时，工作场所周围装设可靠遮栏，必要时加挂警示标牌	
	3	检查工器具、材料是否合格齐全	
	4	工作前和调度电话联系，告知调度作业地点和工作任务并得到调度确定，方可工作	
	5	现场安全措施布置完毕，工作负责人得到全部工作许可人许可后，工作许可人在工作票上签名或记录	
	6	召开开工会，工作负责人宣读工作票，交代危险点及安全措施。经危险点、安全措施告知提问无误后，作业人员在工作票上签名确认	
	7	工作负责人现场复勘，核对工作线路双重命名、杆号，检查环境是否符合作业要求，检查线路装置是否具备不停电作业条件，检查工作票所列安全措施，必要时在工作票上补充安全技术措施	

2.2 作业程序

√	序号	作业内容	作业步骤及标准	安全措施及注意事项
	1	现场作业准备	到达作业现场以后，按照不停电现场标准化作业流程要求做好检查作业人员身体状况、现场测量风速及空气湿度、与调度联系、召开站班会、检查核对线路、检查放置工器具、材料和布置场地等现场作业前各项准备工作	（1）根据现场勘察情况，需停用重合闸的，提前一周通知调度。 （2）分工明确、交代安全措施详细。 （3）检查线路和树木的距离。 （4）现场安全措施完备，在交通繁忙的区域应设置"不停电作业，车辆绕行"的警示牌
	2	穿戴防护用具	斗内电工配戴好安全帽、绝缘安全带、穿戴好绝缘手套及外层防刺手套、绝缘披肩，戴上护目镜。工作负责人检查斗内电工绝缘防护用具穿戴情况。确认无误后，斗内电工方可进入工作斗	（1）戴清洁、干燥的手套，防止在使用时脏污和受潮。 （2）工器具材料应放在干净的绝缘垫上
	3	上升工作斗	作业人员进入工作斗前，应检查工作斗是否超载。检查完毕后，斗内电工携带工器具进入工作斗，将工器具、材料分类放置在斗中和工具袋中，将安全带的钩子挂在斗内专用挂钩上。在做好上述准备工作后，由2号电工操作工作斗平稳上升。工作斗上升时，2号电工要选择好绝缘斗的升起回转路径，避开可能影响斗臂车升起、回转的障碍物	（1）人员进入工作斗前应空斗试操作1次，确认液压传动、回转、升降、伸缩系统工作正常，操作灵活，制动装置可靠。 （2）绝缘斗臂车作业前需可靠接地，接地体埋深0.6m以上。 （3）绝缘斗臂车工作应注意避开附近高低压线及障碍物。 （4）操作斗应平滑、稳定，上升过程中，对可能触及范围内的高低压带电部件需进行绝缘遮蔽

√	序号	作业内容	作业步骤及标准	安全措施及注意事项
	4	验电	工作斗升至作业点处，由 1 号电工对 10kV 验电器进行检测，在验电器检测正常后，用验电器从下方至上方依次对杆塔、横担进行验电。在验电过程中斗内 2 号电工负责监护。验电完成后，斗内 2 号电工向地面工作负责人报告验电结果。地面工作负责人指示斗内电工进行下一步作业	选取相应电压等级的验电器
	5	拆除内边相引线	2 号电工操作绝缘斗臂车移至内边相导线适合作业点处。斗内 2 号电工用绝缘锁杆将内边相引线锁牢，斗内 1 号电工先拆除外层高压绝缘防雨罩接着松开异型线夹螺栓，将引线与内边相导线脱离。若主干线为绝缘导线时，斗内 1 号电工还应用高压绝缘胶带恢复绝缘导线外层绝缘。拆除的引线慢慢随工作斗下降至内边相跌落式熔断器上桩头，斗内 1 号电工拆除内边相跌落式熔断器上桩头引线	拆引线时应迅速准确，小心仔细，引线不能摆动过大以免引起单相接地或相间短路，并将引线盘成小盘
	6	内边相导线遮蔽	由斗内 1 号电工对内边相导线安装导线遮蔽罩，套入的导线遮蔽罩开口朝下，拉至靠近绝缘子的边缘处，并用绝缘树脂毯进行外包	按照由近至远、从大到小、从低到高的原则进行遮蔽。两块绝缘树脂毯应有 15cm 以上的重叠，并用绝缘夹以防脱落
	7	拆除中相引线	2 号电工操作绝缘斗臂车移至中相导线适合作业点处。斗内 2 号电工用绝缘锁杆将中相引线锁牢，斗内 1 号电工先拆除外层高压绝缘防雨罩接着松开异型线夹螺栓，将引线与中相导线脱离。若主干线为绝缘导线时，斗内 1 号电工还应用高压绝缘胶带恢复绝缘导线外层绝缘。拆除的引线慢慢随工作斗下降至中相跌落式熔断器上桩头，斗内 1 号电工拆除中相跌落式熔断器上桩头引线	拆引线时应迅速准确，小心仔细，引线不能摆动过大以免引起单相接地或相间短路，并将引线盘成小盘
	8	拆除内边相导线遮蔽	斗内 2 号电工操作绝缘斗臂车移至内边相导线适合作业点处，由斗内 1 号电工拆除内边相导线遮蔽	按照由远至近、从小到大、从高到低的原则拆除遮蔽

√	序号	作业内容	作业步骤及标准	安全措施及注意事项
	9	拆除外边相引线	号电工操作绝缘斗臂车移至外边相导线适合作业点处。斗内2号电工用绝缘锁杆将外边相引线锁牢，斗内1号电工先拆除外层高压绝缘防雨罩接着松开异型线夹螺栓，将引线与外边相导线脱离。若主干线为绝缘导线时，斗内1号电工还应用高压绝缘胶带恢复绝缘导线外层绝缘；拆除的引线慢慢随工作斗下降至外边相跌落式熔断器上桩头，斗内1号电工拆除外边相跌落式熔断器上桩头引线	拆引线时应迅速准确，小心仔细，引线不能摆动过大以免引起单相接地或相间短路，并将引线盘成小盘
	10	竣工验收	无负荷带电拆引线作业完成以后，斗内电工检查确认质量符合要求，杆塔上已无遗留物，斗内2号电工报告地面工作负责人工作已经结束，经地面工作负责人同意返回地面	

2.3 作业终结

√	序号	作业终结内容要求项目	备注
	1	作业人员清理工作现场检查确无问题	
	2	检查工器具、回收材料是否齐全	
	3	工作负责人组织全体作业人员召开收工会	
	4	全体作业人员撤离工作现场，工作负责人向工作许可人汇报，履行工作终结手续	
	5	召开班后会，进行总结。整理资料并归档	

3 验收总结

序号		内 容
1	验收评价	
2	存在问题及处理意见	

附录6　10kV××线××号杆无负荷不停电搭引线
标准作业卡（绝缘手套作业）

编写：＿＿＿＿＿＿＿＿＿＿＿　＿＿＿年＿月＿日

审批：＿＿＿＿＿＿＿＿＿＿＿　＿＿＿年＿月＿日

作业负责人：＿＿＿＿＿＿＿＿＿

作业日期：＿＿＿年＿月＿日＿时至＿＿＿年＿月＿日＿时

1 作业前准备

1.1 准备工作安排

√	序号	内　容	标　准	备　注
	1	现场勘察	工作负责人依据"配电作业现场勘察记录表"进行现场勘察，做好现场勘察记录	
	2	联系调度	联系调度，了解系统接线的运行方式，申请是否需要停用重合闸	
	3	组织现场作业人员学习标准作业卡	组织现场作业人员学习指导卡，掌握整个操作程序，理解工作任务、质量标准及操作中的危险点及控制措施	
	4	出工前"三交三查"	（1）"三交"主要内容：工作任务、安全措施、技术措施、岗位分工、现场其他注意事项。 （2）"三查"主要内容：人员健康、精神状况、劳保着装情况和安全工器具是否完好等	

1.2 人员要求

√	序号	内　容	备　注
	1	作业人员精神状态良好	
	2	具备必要的电气知识，并经《安规》考试合格	
	3	不停电作业人员必须经过不停电作业培训，经考试合格，并执证上岗	
	4	工作负责人必须进行现场勘察，熟悉现场情况	
	5	监护人应由有不停电作业实践经验的人员担任	
	6	被监护人在作业过程中监护人应专心监护，不得从事其他工作	
	7	作业中互相关心施工安全，及时纠正不安全的行为	
	8	进入作业现场，穿合格工作服、绝缘鞋，戴安全帽	
	9	熟悉工作内容、工作流程和技术要求，掌握安全措施，明确工作中的危险点及防范措施	
	10	作业人员应熟悉绝缘斗臂车的操作程序及绝缘工具的正确使用	

1.3 工器具

√	序号	名　称	型号/规格	单位	数量	备注
	1	绝缘斗臂车	16.8m	辆	1	
	2	绝缘安全带		根	2	
	3	绝缘手套（含羊皮手套）	YS-101-31-03	双	2	
	4	绝缘绳		根	1	
	5	绝缘帽	YS-125-02-01	顶	4	
	6	绝缘披肩	YS-126-01-05	件	2	
	7	绝缘树脂毯	YS-241-01-04	块	6	

√	序号	名 称	型号/规格	单位	数量	备注
	8	绝缘毯夹	5型	个	12	
	9	绝缘锁杆	$\phi 30 \times 1200mm$	根	1	
	10	验电器	10kV	支	1	
	11	绝缘检测仪	5000V	只	1	
	12	对讲机		部	2	
	13	防潮垫		块	1	
	14	充气式绝缘手套检测仪		只	1	
	15	导线遮蔽罩		根	1	
	16	风速测试仪		台	1	
	17	湿度仪		台	1	
	18	安全围绳		m	100	
	19	道路警示牌		块	2	
	20	干燥清洁巾		块	2	
	21	工具包（含工具）		套	1	

1.4 材料

√	序号	名 称	型 号	单位	数量	备注
	1	引流线				
	2	异型线夹				
	3	电力复合脂				
	4	高压绝缘防雨罩				

注　准备的材料根据现场情况具体决定。

1.5 危险点分析及安全控制措施

√	序号	危险点	安全控制措施	备注
	1	触电	（1）不停电作业必须在良好的天气下进行，工作中如遇雷、雨、雾、风力大于五级等不利于不停电作业的天气，工作负责人应立即停止现场作业。 （2）不停电人员作业时应保持对带电体距离0.4m以上，对邻相带电体距离0.6m以上，绝缘操作杆有效长度0.7m及以上，绝缘绳有效长度0.4m以上，绝缘臂有效长度1m以上。若小于上述距离必须增加绝缘遮蔽措施。 （3）装设、拆除绝缘遮蔽时应戴绝缘手套，必要时使用绝缘杆，作业人员与绝缘遮蔽物发生短时接触的部位应采用组合绝缘遮蔽。一相作业完成后，应迅速对其恢复和保持绝缘遮蔽，然后再对另一相开展作业。 （4）用绝缘毯遮蔽时，要注意夹紧固定，两相邻绝缘毯间应有15cm以上重叠。 （5）工作中车体应良好接地，斗臂车金属臂仰起、回转运动中与带电体的安全距离不得小于1m，若小于上述距离必须增加绝缘遮蔽措施	

√	序号	危险点	安全控制措施	备注
	2	高空坠落	绝缘斗中的作业人员应使用安全带，戴好绝缘安全帽。安全带必须系在工作斗内专用挂钩上	
	3	高处坠物伤人	现场作业人员必须戴安全帽。绝缘液压臂及作业点的垂直下方严禁站人，高空作业防止掉东西，上下传递物件应用绝缘绳拴牢，严禁上下抛掷。作业范围四周应设围栏和警示标志，防止非作业人员进入作业区	
	4	线路短路接地	应采取防止引流线摆动的措施，当引线间距离不能满足要求时，需进行绝缘遮蔽	

1.6 作业分工

√	序号	分工项目	分组负责人（签名）	作业人员（签名）
	1	工作负责人（专职监护人）		
	2	工器具准备		
	3	斗内 1 号电工		
	4	斗内 2 号电工		
	5	地面电工		

1.7 定置图及围栏图

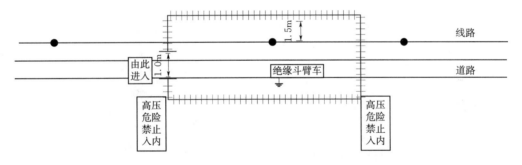

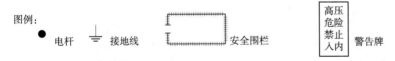

图例： ● 电杆 接地线 安全围栏 高压危险禁止入内 警告牌

10kV ××线××号杆无负荷不停电搭引线现场作业布置图

2 作业阶段

2.1 开工

√	序号	开工内容项目	备注
	1	进入现场人员均应戴好安全帽，做好个人防护措施	
	2	在居民和交通道口作业时，工作场所周围装设可靠遮栏，必要时加挂警示标牌	

√	序号	开工内容项目	备注
	3	检查工器具、材料是否合格齐全	
	4	工作前和调度电话联系，告知调度作业地点和工作任务并得到调度确定，方可工作	
	5	现场安全措施布置完毕，工作负责人得到全部工作许可人许可后，工作许可人在工作票上签名或记录	
	6	召开开工会，工作负责人宣读工作票，交代危险点及安全措施。经危险点、安全措施告知提问无误后，作业人员在工作票上签名确认	
	7	工作负责人现场复勘，核对工作线路双重命名、杆号，检查环境是否符合作业要求，检查线路装置是否具备不停电作业条件，检查工作票所列安全措施，必要时在工作票上补充安全技术措施	

2.2 作业程序

√	序号	作业内容	作业步骤及标准	安全措施及注意事项
	1	现场作业准备	到达作业现场以后，按照不停电现场标准化作业流程要求做好检查作业人员身体状况、现场测量风速及空气湿度、与调度联系、召开站班会、检查核对线路、检查放置工器具、材料和布置场地等现场作业前各项准备工作	（1）根据现场勘察情况，需停用重合闸的，提前一周通知调度。 （2）分工明确、交代安全措施详细。 （3）检查线路和树木的距离。 （4）现场安全措施完备，在交通繁忙的区域应设置"不停电作业，车辆绕行"的警示牌
	2	穿戴防护用具	斗内电工配戴好安全帽、绝缘安全带、穿戴好绝缘手套及外层防刺手套、绝缘披肩，戴上护目镜。工作负责人检查斗内电工绝缘防护用具穿戴情况。确认无误后，斗内电工方可进入工作斗	（1）戴清洁、干燥的手套，防止在使用时脏污和受潮。 （2）工器具材料应放在干净的绝缘垫上
	3	上升工作斗	作业人员进入工作斗前，应检查工作斗是否超载。检查完毕后，斗内电工携带工器具进入工作斗，将工器具、材料分类放置在斗中和工具袋中，将安全带的钩子挂在斗内专用挂钩上。在做好上述准备工作后，由2号电工操作工作斗平稳上升。工作斗上升时，2号电工要选择好绝缘斗的升起回转路径，避免可能影响斗臂车升起、回转的障碍物	（1）人员进入工作斗前应空斗试操作1次，确认液压传动、回转、升降、伸缩系统工作正常，操作灵活，制动装置可靠。 （2）绝缘斗臂车作业前需可靠接地，接地体埋深0.6m以上。 （3）绝缘斗臂车工作应注意避开附近高低压线及障碍物。 （4）操作斗应平滑、稳定，上升过程中，对可能触及范围内的高低压带电部件需进行绝缘遮蔽

√	序号	作业内容	作业步骤及标准	安全措施及注意事项
	4	验电	工作斗升至作业点处，由1号电工对10kV验电器进行检测，在验电器检测正常后，用验电器从下方至上方依次对杆塔、横担进行验电。在验电过程中斗内2号电工负责监护。验电完成后，斗内2号电工向地面工作负责人报告验电结果。地面工作负责人指示斗内电工进行下一步作业	选取相应电压等级的验电器
	5	安装跌落式熔断器上装头引线	地面电工准备好搭接所需各相引线，用绝缘绳传递给斗内电工。斗内1号电工逐相安装各相引线，并检查连接点是否紧固	(1) 将引线盘成小盘。 (2) 上下传递物品必须使用绝缘传递绳，严禁抛掷，绝缘传递绳下端不应接触地面
	6	搭接外边相引线	斗内2号电工操作斗臂车移至外边相跌落式熔断器上桩头适合作业点处；将外边相引线提升至外边相导线处，用绝缘锁杆将引线插入连接线夹内，紧固连接线夹，并外加高压绝缘防雨罩	(1) 引线搭接主干线时，速度应该迅速准确。 (2) 引线摆动不能过大，动作仔细小心。 (3) 起引线时，盘成小圆盘后再慢慢提升上去，使其各部位与带电导体保持安全距离
	7	内边相导线遮蔽	斗内2号电工操作斗臂车移至内边相导线适合作业点处。斗内1号电工对内边相导线安装导线遮蔽罩，套入的导线遮蔽罩开口朝下，拉到靠近绝缘子的边缘处，并用绝缘树脂毯进行外包	(1) 按照由近至远、从大到小、从低到高的原则进行遮蔽。 (2) 用绝缘毯遮蔽时，要注意夹紧固定，两相邻绝缘毯间应有15cm以上重叠。 (3) 作业位置周围如有接地拉线和低压线等设施，亦应使用绝缘遮蔽用具对周边物体进行绝缘隔离。 (4) 无论导线是裸导线还是绝缘导线，在作业中均应进行绝缘遮蔽
	8	搭接中相引线	斗内2号电工操作斗臂车移至中相跌落式熔断器上桩头适合作业点处；将中相引线提升至中相导线处，用绝缘锁杆将引线插入连接线夹内，紧固连接线夹，并外加高压绝缘防雨罩	(1) 引线搭接主干线时，速度应该迅速准确。 (2) 引线摆动不能过大，动作仔细小心。 (3) 起引线时，盘成小圆盘后再慢慢提升上去，使其各部位与带电导体保持安全距离

√	序号	作业内容	作业步骤及标准	安全措施及注意事项
	9	搭接内边相引线	斗内2号电工操作斗臂车移至内边相跌落式熔断器上桩头适合作业点处；将内边相引线提升至内边相导线处，拆除内边相导线上的绝缘遮蔽，用绝缘锁杆将引线插入连接线夹内，紧固连接线夹，并外加高压绝缘防雨罩	（1）引线搭接主干线时，速度应该迅速准确。 （2）引线摆动不能过大，动作仔细小心。 （3）起引线时，盘成小圆盘后再慢慢提升上去，使其各部位与带电导体保持安全距离
	10	竣工验收	无负荷不停电搭引线作业完成以后，斗内电工检查确认质量符合要求，杆塔上无遗留物，斗内2号电工向地面工作负责人汇报工作已经结束，经地面工作负责人同意返回地面	

2.3　作业终结

√	序号	作业终结内容要求项目	备注
	1	作业人员清理工作现场检查确无问题	
	2	检查工器具、回收材料是否齐全	
	3	工作负责人组织全体作业人员召开收工会	
	4	全体作业人员撤离工作现场，工作负责人向工作许可人汇报，履行工作终结手续	
	5	召开班后会，进行总结。整理资料并归档	

3　验收总结

序号		内　　容
1	验收评价	
2	存在问题及处理意见	

附录 7　10kV××线××号杆不停电更换跌落式
熔断器标准作业卡（绝缘手套作业）

编写：_____　____年__月__日

审批：_____　____年__月__日

作业负责人：_____

作业日期：____年__月__日__时至____年__月__日__时

1 作业前准备

1.1 准备工作安排

✓	序号	内 容	标 准	备 注
	1	现场勘察	工作负责人依据"配电作业现场勘察记录表"进行现场勘察，做好现场勘察记录	
	2	联系调度	联系调度，了解系统接线的运行方式，申请是否需要停用重合闸	
	3	组织现场作业人员学习标准作业卡	组织现场作业人员学习指导卡，掌握整个操作程序，理解工作任务、质量标准及操作中的危险点及控制措施	
	4	出工前"三交三查"	（1）"三交"主要内容：工作任务、安全措施、技术措施、岗位分工、现场其他注意事项。 （2）"三查"主要内容：人员健康、精神状况、劳保着装情况和安全工器具是否完好等	

1.2 人员要求

✓	序号	内 容	备 注
	1	作业人员精神状态良好	
	2	具备必要的电气知识，并经《安规》考试合格	
	3	不停电作业人员必须经过不停电作业培训，经考试合格，并执证上岗	
	4	工作负责人必须进行现场勘察，熟悉现场情况	
	5	监护人应由有不停电作业实践经验的人员担任	
	6	被监护人在作业过程中监护人应专心监护，不得从事其他工作	
	7	作业中互相关心施工安全，及时纠正不安全的行为	
	8	进入作业现场，穿合格工作服、绝缘鞋，戴安全帽	
	9	熟悉工作内容、工作流程和技术要求，掌握安全措施，明确工作中的危险点及防范措施	
	10	作业人员应熟悉绝缘斗臂车的操作程序及绝缘工具的正确使用	

1.3 工器具

✓	序号	名 称	型号/规格	单位	数量	备 注
	1	绝缘斗臂车	16.8m	辆	1	
	2	绝缘安全带		根	2	
	3	绝缘手套（含羊皮手套）	YS－101－31－03	双	2	
	4	绝缘绳		根	1	
	5	绝缘帽	YS－125－02－01	顶	4	
	6	绝缘披肩	YS－126－01－05	件	2	
	7	绝缘树脂毯	YS－241－01－04	块	6	

√	序号	名　称	型号/规格	单位	数量	备注
	8	绝缘毯夹	5型	个	12	
	9	绝缘挡板	JGB-1	块	2	
	10	验电器	10kV	支	1	
	11	绝缘检测仪	5000V	只	1	
	12	对讲机		部	2	
	13	绝缘锁杆			1	
	14	充气式绝缘手套检测仪		只	1	
	15	绝缘跳线管		根	6	
	16	风速测试仪		台	1	
	17	湿度仪		台	1	
	18	安全围绳		m	100	
	19	道路警示牌		块	2	
	20	干燥清洁巾		块	2	
	21	工具包（含工具）		套	1	
	22	防潮垫		块	1	

1.4　材料

√	序号	名　称	型　号	单位	数量	备注
	1	跌落式熔断器		只	3	

注　准备的材料根据现场情况具体决定。

1.5　危险点分析及安全控制措施

√	序号	危险点	安全控制措施	备注
	1	触电	（1）不停电作业必须在良好的天气下进行，工作中如遇雷、雨、雾、风力大于五级等不利于不停电作业的天气，工作负责人应立即停止现场作业。 （2）不停电人员作业时应保持对带电体距离0.4m以上，对邻相带电体距离0.6m以上，绝缘操作杆有效长度0.7m及以上，绝缘绳有效长度0.4m以上，绝缘臂有效长度1m以上。若小于上述距离必须增加绝缘遮蔽措施。 （3）装设、拆除绝缘遮蔽时应戴绝缘手套，必要时使用绝缘杆，作业人员与绝缘遮蔽物发生短时接触的部位应采用组合绝缘遮蔽。一相作业完成后，应迅速对其恢复和保持绝缘遮蔽，然后再对另一相开展作业。 （4）用绝缘毯遮蔽时，要注意夹紧固定，两相邻绝缘毯间应有15cm以上重叠。 （5）工作中车体应良好接地，斗臂车金属臂仰起、回转运动中与带电体的安全距离不得小于1m，若小于上述距离必须增加绝缘遮蔽措施	

√	序号	危险点	安全控制措施	备注
	2	高空坠落	绝缘斗中的作业人员应使用安全带，戴好绝缘安全帽。安全带必须系在工作斗内专用挂钩上	
	3	高处坠物伤人	现场作业人员必须戴安全帽。绝缘液压臂及作业点的垂直下方严禁站人，高空作业防止掉东西，上下传递物件应用绝缘绳拴牢，严禁上下抛掷。作业范围四周应设围栏和警示标志，防止非作业人员进入作业区	
	4	线路短路接地	应采取防止引流线摆动的措施，当引线间距离不能满足要求时，需进行绝缘遮蔽	

1.6 作业分工

√	序号	分工项目	分组负责人（签名）	作业人员（签名）
	1	工作负责人（专职监护人）		
	2	工器具准备		
	3	斗内1号电工		
	4	斗内2号电工		
	5	地面电工		

1.7 定置图及围栏图

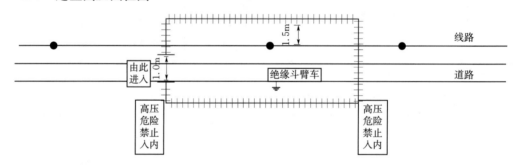

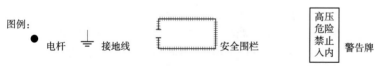

图例： ● 电杆　⏚ 接地线　⸬⸬⸬ 安全围栏　高压危险禁止入内 警告牌

10kV ××线××号杆不停电更换跌落式熔断器现场作业布置图

2 作业阶段

2.1 开工

√	序号	开工内容项目	备注
	1	进入现场人员均应戴好安全帽，做好个人防护措施	
	2	在居民和交通道口作业时，工作场所周围装设可靠遮栏，必要时加挂警示标牌	
	3	检查工器具、材料是否合格齐全	

√	序号	开工内容项目	备注
	4	工作前和调度电话联系，告知调度作业地点和工作任务并得到调度确定，方可工作	
	5	现场安全措施布置完毕，工作负责人得到全部工作许可人许可后，工作许可人在工作票上签名或记录	
	6	召开开工会，工作负责人宣读工作票，交代危险点及安全措施。经危险点、安全措施告知提问无误后，作业人员在工作票上签名确认	
	7	工作负责人现场复勘，核对工作线路双重命名、杆号，检查环境是否符合作业要求，检查线路装置是否具备不停电作业条件，检查工作票所列安全措施，必要时在工作票上补充安全技术措施	

2.2 作业程序

√	序号	作业内容	作业步骤及标准	安全措施及注意事项
	1	现场作业准备	到达作业现场以后，按照不停电现场标准化作业流程要求做好检查作业人员身体状况、现场测量风速及空气湿度、与调度联系、召开站班会、检查核对线路、检查放置工器具、材料和布置场地等现场作业前各项准备工作	（1）根据现场勘察情况，需停用重合闸的，提前一周通知调度。 （2）分工明确、交代安全措施详细。 （3）检查线路和树木的距离。 （4）现场安全措施完备，在交通繁忙的区域应设置"不停电作业，车辆绕行"的警示牌
	2	穿戴防护用具	斗内电工配戴好安全帽、绝缘安全带、穿戴好绝缘手套及外层防刺手套、绝缘披肩，戴上护目镜。工作负责人检查斗内电工绝缘防护用具穿戴情况。确认无误后，斗内电工方可进入工作斗	（1）戴清洁、干燥的手套，防止在使用时脏污和受潮。 （2）工器具材料应放在干净的绝缘垫上
	3	上升工作斗	作业人员进入工作斗前，应检查工作斗是否超载。检查完毕后，斗内电工携带工器具进入工作斗，将工器具、材料分类放置在斗中和工具袋中，将安全带的钩子挂在斗内专用挂钩上。在做好上述准备工作后，由2号电工操作工作斗平稳上升。工作斗上升时，2号电工要选择好绝缘斗的升起回转路径，避开可能影响斗臂车升起、回转的障碍物	（1）人员进入工作斗前应空斗试操作1次，确认液压传动、回转、升降、伸缩系统工作正常，操作灵活，制动装置可靠。 （2）绝缘斗臂车作业前需可靠接地，接地体埋深0.6m以上。 （3）绝缘斗臂车工作应注意避开附近高低压线及障碍物。 （4）操作斗应平滑、稳定，上升过程中，对可能触及范围内的高低压带电部件需进行绝缘遮蔽

√	序号	作业内容	作业步骤及标准	安全措施及注意事项
	4	验电	工作斗升至作业点处，由1号电工对10kV验电器进行检测，在验电器检测正常后，用验电器从下方至上方依次对杆塔、横担进行验电。在验电过程中斗内2号电工负责监护。验电完成后，斗内2号电工向地面工作负责人报告验电结果。地面工作负责人指示斗内电工进行下一步作业	选取相应电压等级的验电器
	5	更换外边相跌落式熔断器	斗内2号电工操作绝缘斗臂车至三相跌落式熔断器合适作业点，斗内1号电工用两块绝缘挡板先把中相与两边相隔离，斗内2号电工操作绝缘斗臂车靠近外边相跌落式熔断器处，用绝缘树脂毯对跌落式熔断器及横担进行遮蔽，1号电工拆开外边相跌落式熔断器上桩头引线，将引线与跌落式熔断器分离，将其固定在绝缘挡板上，调整工作斗至外边相跌落式熔断器下方，拆除跌落式熔断器下桩头引线和跌落式熔断器横担上的树脂毯。拆除旧跌落式熔断器，安装好新的跌落式熔断器，用绝缘树脂毯对新装跌落式熔断器及横担进行绝缘遮蔽，恢复跌落式熔断器下桩头引线。调整工作斗至跌落式熔断器上桩头引线处，恢复跌落式熔断器的上桩头引线，拆除横担及跌落式熔断器上的绝缘树脂毯	（1）检查熔断器管连接是否牢固，并使之处于断开位置，取下熔管。 （2）引线搭接时，速度应该迅速准确。 （3）引线摆动不能过大，动作仔细小心。 （4）按照由远至近、从小到大、从高到低原则拆除遮蔽。 （5）用绝缘毯遮蔽时，要注意夹紧固定，两相邻绝缘毯间应有15cm以上重叠
	6	更换中相跌落式熔断器	斗内2号电工操作绝缘斗臂车靠近中相相跌落式熔断器处，用绝缘树脂毯对跌落式熔断器及横担进行遮蔽，1号电工拆开中相相跌落式熔断器上桩头引线，将引线与跌落式熔断器分离，将其固定在绝缘挡板上，调整工作斗至中相跌落式熔断器下方，拆除跌落式熔断器下桩头引线和跌落式熔断器横担上的树脂毯。拆除旧跌落式熔断器，安装好新的跌落式熔断器，用绝缘树脂毯对新装跌落式熔断器及横担进行绝缘遮蔽，恢复跌落式熔断器下桩头引线。调整工作斗至跌落式熔断器上桩头引线处，恢复跌落式熔断器的上桩头引线，拆除横担及跌落式熔断器上的绝缘树脂毯	（1）按照由近至远、从大到小、从低到高的原则进行遮蔽。 （2）检查熔断器管连接是否牢固，并使之处于断开位置，取下熔管。 （3）引线搭接时，速度应该迅速准确。 （4）引线摆动不能过大，动作仔细小心。 （5）按照由远至近、从小到大、从高到低原则拆除遮蔽。 （6）用绝缘毯遮蔽时，要注意夹紧固定，两相邻绝缘毯间应有15cm以上重叠

✓	序号	作业内容	作业步骤及标准	安全措施及注意事项
	7	更换内边相跌落式熔断器	斗内2号电工操作绝缘斗臂车靠近内边相跌落式熔断器处，用绝缘树脂毯对跌落式熔断器及横担进行遮蔽，1号电工拆开内边相跌落式熔断器上桩头引线，将引线与跌落式熔断器分离，将其固定在绝缘挡板上，调整工作斗至内边相跌落式熔断器下方，拆除跌落式熔断器下桩头引线和跌落式熔断器横担上的树脂毯。拆除旧跌落式熔断器，安装好新的跌落式熔断器，用绝缘树脂毯对新装跌落式熔断器及横担进行绝缘遮蔽，恢复跌落式熔断器下桩头引线。调整工作斗至跌落式熔断器上桩头引线处，恢复跌落式熔断器的上桩头引线，拆除横担及跌落式熔断器上的绝缘树脂毯。斗内2号电工操作绝缘斗臂车至三相跌落式熔断器合适作业点，斗内1号电工拆除两块绝缘挡板	（1）按照由近至远、从大到小、从低到高的原则进行遮蔽。 （2）检查熔断器管连接是否牢固，并使之处于断开位置，取下熔管。 （3）引线搭接时，速度应该迅速准确。 （4）引线摆动不能过大，动作仔细小心。 （5）按照由远至近、从小到大、从高到低原则拆除遮蔽。 （6）用绝缘毯遮蔽时，要注意夹紧固定，两相邻绝缘毯间应有15cm以上重叠
	8	竣工验收	跌落式熔断器更换完成后，斗内电工检查确认质量符合要求，杆塔上以无遗留物，斗内2号电工报告地面工作负责人工作已经结束，经地面工作负责人同意返回地面	

2.3 作业终结

✓	序号	作业终结内容要求项目	备注
	1	作业人员清理工作现场检查确无问题	
	2	检查工器具、回收材料是否齐全	
	3	工作负责人组织全体作业人员召开收工会	
	4	全体作业人员撤离工作现场，工作负责人向工作许可人汇报，履行工作终结手续	
	5	召开班后会，进行总结。整理资料并归档	

3 验收总结

序号	内　　容	
1	验收评价	
2	存在问题及处理意见	

附录 8　10kV××线××号不停电更换柱式绝缘子
标准作业卡（绝缘手套作业）

编写：_____　　____年__月__日

审批：_____　　____年__月__日

作业负责人：_____

作业日期：____年__月__日__时至____年__月__日__时

1 作业前准备

1.1 准备工作安排

√	序号	内 容	标 准	备 注
	1	现场勘察	工作负责人依据"配电作业现场勘察记录表"进行现场勘察，做好现场勘察记录	
	2	联系调度	联系调度，了解系统接线的运行方式，申请是否需要停用重合闸	
	3	组织现场作业人员学习标准作业卡	组织现场作业人员学习指导卡，掌握整个操作程序，理解工作任务、质量标准及操作中的危险点及控制措施	
	4	出工前"三交三查"	（1）"三交"主要内容：工作任务、安全措施、技术措施、岗位分工、现场其他注意事项。 （2）"三查"主要内容：人员健康、精神状况、劳保着装情况和安全工器具是否完好等	

1.2 人员要求

√	序号	内 容	备 注
	1	作业人员精神状态良好	
	2	具备必要的电气知识，并经《安规》考试合格	
	3	不停电作业人员必须经过不停电作业培训，经考试合格，并执证上岗	
	4	工作负责人必须进行现场勘察，熟悉现场情况	
	5	监护人应由有不停电作业实践经验的人员担任	
	6	被监护人在作业过程中监护人应专心监护，不得从事其他工作	
	7	作业中互相关心施工安全，及时纠正不安全的行为	
	8	进入作业现场，穿合格工作服、绝缘鞋，戴安全帽	
	9	熟悉工作内容、工作流程和技术要求，掌握安全措施，明确工作中的危险点及防范措施	
	10	作业人员应熟悉绝缘斗臂车的操作程序及绝缘工具的正确使用	

1.3 工器具

√	序号	名 称	型号/规格	单位	数量	备注
	1	绝缘斗臂车（带小吊）	16.8m	辆	1	
	2	绝缘安全带		根	2	
	3	绝缘手套（含羊皮手套）	YS－101－31－03	双	2	
	4	绝缘绳		根	1	
	5	绝缘帽	YS－125－02－01	顶	4	
	6	绝缘披肩	YS－126－01－05	件	2	
	7	绝缘树脂毯	YS－241－01－04	块	6	
	8	绝缘橡胶毯	TG－105	块	1	

√	序号	名 称	型号/规格	单位	数量	备注
	9	绝缘毯夹	5 型	个	20	
	10	绝缘高压防护套管	PE－3m	根	4	
	11	高强度绝缘绳套		根	1	
	12	绝缘检测仪	5000V	只	1	
	13	对讲机		部	2	
	14	防潮垫		块	1	
	15	充气式绝缘手套检测仪		只	1	
	16	护目镜		副	2	
	17	湿度仪		台	1	
	18	安全围绳		m	100	
	19	道路警示牌		块	2	
	20	干燥清洁巾		块	2	
	21	工具包（含工具）		套	1	
	22	风速测试仪		台	1	
	23	10kV 验电器		组	1	

1.4 材料

√	序号	名 称	型 号	单位	数量	备注
	1	柱式绝缘子		只	3	
	2	扎线		根	3	

注 准备的材料根据现场情况具体决定。

1.5 危险点分析及安全控制措施

√	序号	危险点	安全控制措施	备注
	1	触电	（1）不停电作业必须在良好的天气下进行，工作中如遇雷、雨、雾、风力大于五级等不利于不停电作业的天气，工作负责人应立即停止现场作业。 （2）不停电人员作业时应保持对带电体距离 0.4m 以上，对邻相带电体距 0.6m 以上，绝缘操作杆有效长度 0.7m 及以上，绝缘绳有效长度 0.4m 以上，绝缘臂有效长度 1m 以上。若小于上述距离必须增加绝缘遮蔽措施。 （3）装设、拆除绝缘遮蔽时应戴绝缘手套，必要时使用绝缘杆，作业人员与绝缘遮蔽物发生短时接触的部位应采用组合绝缘遮蔽。一相作业完成后，应迅速对其恢复和保持绝缘遮蔽，然后再对另一相开展作业。 （4）用绝缘毯遮蔽时，要注意夹紧固定，两相邻绝缘毯间应有 15cm 以上重叠。 （5）工作中车体应良好接地，斗臂车金属臂仰起、回转运动中与带电体的安全距离不得小于 1m，若小于上述距离必须增加绝缘遮蔽措施	

√	序号	危险点	安全控制措施	备注
	2	高空坠落	绝缘斗中的作业人员应使用安全带，戴好绝缘安全帽。安全带必须系在工作斗内专用挂钩上	
	3	高处坠物伤人	现场作业人员必须戴安全帽。绝缘液压臂及作业点的垂直下方严禁站人，高空作业防止掉东西，上下传递物件应用绝缘绳拴牢，严禁上下抛掷。作业范围四周应设围栏和警示标志，防止非作业人员进入作业区	
	4	线路短路接地	应采取防止引流线摆动的措施，当引线间距离不能满足要求时，需进行绝缘遮蔽	

1.6 作业分工

√	序号	分工项目	分组负责人（签名）	作业人员（签名）
	1	工作负责人（专职监护人）		
	2	工器具准备		
	3	斗内1号电工		
	4	斗内2号电工		
	5	地面电工		

1.7 定置图及围栏图

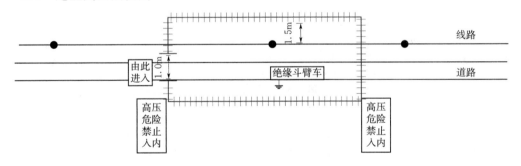

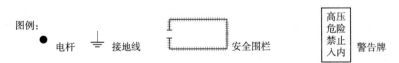

图例：
● 电杆　⏚ 接地线　⌷ 安全围栏　[高压危险禁止入内] 警告牌

10kV ××线××号杆不停电更换柱式绝缘子现场作业布置图

2 作业阶段

2.1 开工

√	序号	开工内容项目	备注
	1	进入现场人员均应戴好安全帽，做好个人防护措施	

✓	序号	开工内容项目	备注
	2	在居民和交通道口作业时,工作场所周围装设可靠遮栏,必要时加挂警示标牌	
	3	检查工器具、材料是否合格齐全	
	4	工作前和调度电话联系,告知调度作业地点和工作任务并得到调度确定,方可工作	
	5	现场安全措施布置完毕,工作负责人得到全部工作许可人许可后,工作许可人在工作票上签名或记录	
	6	召开开工会,工作负责人宣读工作票,交代危险点及安全措施。经危险点、安全措施告知提问无误后,作业人员在工作票上签名确认	
	7	工作负责人现场复勘,核对工作线路双重命名、杆号,检查环境是否符合作业要求,检查线路装置是否具备不停电作业条件,检查工作票所列安全措施,必要时在工作票上补充安全技术措施	

2.2 作业程序

✓	序号	作业内容	作业步骤及标准	安全措施及注意事项
	1	现场作业准备	到达作业现场以后,按照不停电现场标准化作业流程要求做好检查作业人员身体状况、现场测量风速及空气湿度、与调度联系、召开站班会、检查核对线路、检查放置工器具、材料和布置场地等现场作业前各项准备工作	(1) 根据现场勘察情况,需停用重合闸的,提前一周通知调度。 (2) 分工明确、交代安全措施详细。 (3) 检查线路和树木的距离。 (4) 现场安全措施完备,在交通繁忙的区域应设置"不停电作业,车辆绕行"的警示牌
	2	穿戴防护用具	斗内电工配戴好安全帽、绝缘安全带、穿戴好绝缘手套及外层防刺手套、绝缘披肩,戴上护目镜。工作负责人检查斗内电工绝缘防护用具穿戴情况。确认无误后,斗内电工方可进入工作斗	(1) 戴清洁、干燥的手套,防止在使用时脏污和受潮。 (2) 工器具材料应放在干净的绝缘垫上
	3	上升工作斗	作业人员进入工作斗前,应检查工作斗是否超载。检查完毕后,斗内电工携带工器具进入工作斗,将工器具、材料分类放置在斗中和工具袋中,将安全带的钩子挂在斗内专用挂钩上。在做好上述准备工作后,由2号电工操作工作斗平稳上升。工作斗上升时,2号电工要选择好绝缘斗的升起回转路径,避开可能影响斗臂车升起、回转的障碍物	(1) 人员进入工作斗前应空斗试操作1次,确认液压传动、回转、升降、伸缩系统工作正常,操作灵活,制动装置可靠。 (2) 绝缘斗臂车作业前需可靠接地,接地体埋深0.6m以上。 (3) 绝缘斗臂车工作应注意避开附近高低压线及障碍物。 (4) 操作斗应平滑、稳定,上升过程中,对可能触及范围内的高低压带电部件需进行绝缘遮蔽

✓	序号	作业内容	作业步骤及标准	安全措施及注意事项
	4	验电	工作斗升至作业点处，由1号电工对10kV验电器进行检测，在验电器检测正常后，用验电器从下方至上方依次对杆塔、横担进行验电。在验电过程中斗内2号电工负责监护。验电完成后，斗内2号电工向地面工作负责人报告验电结果。地面工作负责人指示斗内电工进行下一步作业	选取相应电压等级的验电器
	5	更换外边相柱式绝缘子	(1) 斗内2号电工操作绝缘斗臂车将工作斗移至外边相适合作业点处。 (2) 斗内1号电工用绝缘高压防护套管和绝缘树脂毯对外边相导线和柱式绝缘子进行绝缘遮蔽。 (3) 放下小吊绳，用高强度绝缘绳套吊好导线，拆开外边相柱式绝缘子上的扎线，利用小吊提升导线，使导线与柱式绝缘子保持一定安全距离。 (4) 拆除旧的柱式绝缘子，安装好新的柱式绝缘子。 (5) 利用小吊将导线放到新装柱式绝缘子沟槽内，并用扎线将其固定。 (6) 拆除柱式绝缘子和导线上的绝缘遮蔽	(1) 按照由近至远、从大到小、从低到高的原则进行遮蔽。 (2) 两块绝缘树脂毯应有15cm以上的重叠，并用绝缘夹以防脱落。 (3) 绑扎应该牢固，并做好绝缘保护措施，绝缘措施应该可靠。 (4) 按照由远至近、从小到大、从高到低的原则拆除遮蔽
	6	更换内边相柱式绝缘子	(1) 斗内2号电工操作绝缘斗臂车将工作斗移至内边相适合作业点处。 (2) 斗内1号电工用绝缘高压防护套管和绝缘树脂毯对内边相导线和柱式绝缘子进行绝缘遮蔽。 (3) 放下小吊绳，用高强度绝缘绳套吊好导线，拆开内边相柱式绝缘子上的扎线，利用小吊提升导线，使导线与柱式绝缘子保持一定安全距离。 (4) 拆除旧的柱式绝缘子，安装好新的柱式绝缘子。 (5) 利用小吊将导线放到新装柱式绝缘子沟槽内，并用扎线将其固定	(1) 按照由近至远、从大到小、从低到高的原则进行遮蔽。 (2) 两块绝缘树脂毯应有15cm以上的重叠，并用绝缘夹以防脱落。 (3) 绑扎应该牢固，并做好绝缘保护措施，绝缘措施应该可靠

√	序号	作业内容	作业步骤及标准	安全措施及注意事项
	7	更换中相柱式绝缘子	（1）斗内2号电工操作绝缘斗臂车将工作斗移至内边相适合作业点处。 （2）斗内1号电工用绝缘高压防护套管和绝缘树脂毯对中相导线和柱式绝缘子进行绝缘遮蔽。 （3）放下小吊绳，用高强度绝缘绳套吊好导线，拆开中相柱式绝缘子上的扎线，利用小吊提升导线，使导线与柱式绝缘子保持一定安全距离。 （4）拆除旧的柱式绝缘子，安装好新的柱式绝缘子。 （5）利用小吊将导线放到新装柱式绝缘子沟槽内，并用扎线将其固定	（1）按照由近至远、从大到小、从低到高的原则进行遮蔽。 （2）两块绝缘树脂毯应有15cm以上的重叠，并用绝缘夹以防脱落。 （3）绑扎应该牢固，并做好绝缘保护措施，绝缘措施应该可靠。 （4）按照由远至近、从小到大、从高到低的原则拆除遮蔽
	8	拆除内边相绝缘遮蔽	调整工作斗至内边相作业点处，拆除内边相柱式绝缘子和导线上的绝缘遮蔽	按照由远至近、从小到大、从高到低的原则拆除遮蔽
	9	竣工验收	柱式绝缘子更换好以后，斗内电工检查确认符合质量要求，杆塔上无遗留物，斗内2号电工报告地面工作负责人工作已经结束，经地面工作负责人同意返回地面	

2.3 作业终结

√	序号	作业终结内容要求项目	备注
	1	作业人员清理工作现场检查确无问题	
	2	检查工器具、回收材料是否齐全	
	3	工作负责人组织全体作业人员召开收工会	
	4	全体作业人员撤离工作现场，工作负责人向工作许可人汇报，履行工作终结手续	
	5	召开班后会，进行总结。整理资料并归档	

3 验收总结

序号	内 容	
1	验收评价	
2	存在问题及处理意见	

附录9　10kV××线××号杆不停电更换直线横担标准作业卡（绝缘手套作业）

编写：＿＿＿＿＿＿＿＿＿＿＿　＿＿＿年＿月＿日

审批：＿＿＿＿＿＿＿＿＿＿＿　＿＿＿年＿月＿日

作业负责人：＿＿＿＿＿＿＿＿

作业日期：＿＿＿年＿月＿日＿时至＿＿＿年＿月＿日＿时

1 作业前准备

1.1 准备工作安排

√	序号	内　容	标　准	备　注
	1	现场勘察	工作负责人依据"配电作业现场勘察记录表"进行现场勘察，做好现场勘察记录	
	2	联系调度	联系调度，了解系统接线的运行方式，申请是否需要停用重合闸	
	3	组织现场作业人员学习标准作业卡	组织现场作业人员学习指导卡，掌握整个操作程序，理解工作任务、质量标准及操作中的危险点及控制措施	
	4	出工前"三交三查"	（1）"三交"主要内容：工作任务、安全措施、技术措施、岗位分工、现场其他注意事项。 （2）"三查"主要内容：人员健康、精神状况、劳保着装情况和安全工器具是否完好等	

1.2 人员要求

√	序号	内　容	备　注
	1	作业人员精神状态良好	
	2	具备必要的电气知识，并经《安规》考试合格	
	3	不停电作业人员必须经过不停电作业培训，经考试合格，并执证上岗	
	4	工作负责人必须进行现场勘察，熟悉现场情况	
	5	监护人应由有不停电作业实践经验的人员担任	
	6	被监护人在作业过程中监护人应专心监护，不得从事其他工作	
	7	作业中互相关心施工安全，及时纠正不安全的行为	
	8	进入作业现场，穿合格工作服、绝缘鞋，戴安全帽	
	9	熟悉工作内容、工作流程和技术要求，掌握安全措施，明确工作中的危险点及防范措施	
	10	作业人员应熟悉绝缘斗臂车的操作程序及绝缘工具的正确使用	

1.3 工器具

√	序号	名　称	型号/规格	单位	数量	备　注
	1	绝缘斗臂车	16.8m	辆	1	
	2	绝缘安全带		根	2	
	3	绝缘手套（含羊皮手套）	YS-101-31-03	双	2	

✓	序号	名　称	型号/规格	单位	数量	备注
	4	绝缘绳		根	1	
	5	绝缘帽	YS-125-02-01	只	4	
	6	绝缘披肩	YS-126-01-05	件	2	
	7	绝缘高压护套管	PE-3m	根	4	
	8	绝缘树脂毯	YS-241-01-04	块	14	
	9	绝缘毯夹	5型	个	28	
	10	高强度绝缘绳套		根	1	
	11	绝缘横担		块	2	
	12	绝缘检测仪	5000V	只	1	
	13	对讲机		部	2	
	14	防潮垫		块	1	
	15	充气式绝缘手套检测仪		只	1	
	16	风速测试仪		台	1	
	17	湿度仪		台	1	
	18	安全围绳		m	100	
	19	道路警示牌		块	2	
	20	干燥清洁巾		块	2	
	21	工具包（含工具）		套	1	
	22	10kV验电器		组	1	

1.4　材料

✓	序号	名　称	型　号	单位	数量	备注
	1	直线横担		块	1	
	2	U形抱箍		副	1	
	3	柱式瓷瓶		只	3	
	4	螺帽		只	3	
	5	铝包带			若干	
	6	扎线			若干	

注　准备的材料根据现场情况具体决定。

1.5 危险点分析及安全控制措施

√	序号	危险点	安全控制措施	备注
	1	触电	（1）不停电作业必须在良好的天气下进行，工作中如遇雷、雨、雾、风力大于五级等不利于不停电作业的天气，工作负责人应立即停止现场作业。 （2）不停电人员作业时应保持对带电体距离0.4m以上，对邻相带电体距离0.6m以上，绝缘操作杆有效长度0.7m及以上，绝缘绳有效长度0.4m以上，绝缘臂有效长度1m以上。若小于上述距离必须增加绝缘遮蔽措施。 （3）装设、拆除绝缘遮蔽时应戴绝缘手套，必要时使用绝缘杆，作业人员与绝缘遮蔽物发生短时接触的部位应采用组合绝缘遮蔽。一相作业完成后，应迅速对其恢复和保持绝缘遮蔽，然后再对另一相开展作业。 （4）用绝缘毯遮蔽时，要注意夹紧固定，两相邻绝缘毯间应有15cm以上重叠。 （5）工作中车体应良好接地，斗臂车金属臂仰起、回转运动中与带电体的安全距离不得小于1m，若小于上述距离必须增加绝缘遮蔽措施	
	2	高空坠落	绝缘斗中的作业人员应使用安全带，戴好绝缘安全帽。安全带必须系在工作斗内专用挂钩上	
	3	高处坠物伤人	现场作业人员必须戴安全帽。绝缘液压臂及作业点的垂直下方严禁站人，高空作业防止掉东西，上下传递物件应用绝缘绳拴牢，严禁上下抛掷。作业范围四周应设围栏和警示标志，防止非作业人员进入作业区	
	4	线路短路接地	应采取防止引流线摆动的措施，当引线间距离不能满足要求时，需进行绝缘遮蔽	

1.6 作业分工

√	序号	分工项目	分组负责人（签名）	作业人员（签名）
	1	工作负责人（专职监护人）		
	2	工器具准备		
	3	斗内1号电工		
	4	斗内2号电工		
	5	地面电工		

1.7 定置图及围栏图

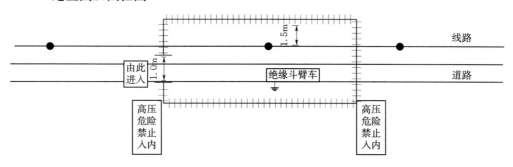

图例：

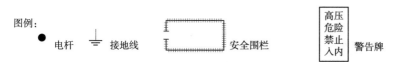

10kV××线××号杆不停电更换直线横担现场作业布置图

2 作业阶段

2.1 开工

√	序号	开工内容项目	备注
	1	进入现场人员均应戴好安全帽，做好个人防护措施	
	2	在居民和交通道口作业时，工作场所周围装设可靠遮栏，必要时加挂警示标牌	
	3	检查工器具、材料是否合格齐全	
	4	工作前和调度电话联系，告知调度作业地点和工作任务并得到调度确定，方可工作	
	5	现场安全措施布置完毕，工作负责人得到全部工作许可人许可后，工作许可人在工作票上签名或记录	
	6	召开开工会，工作负责人宣读工作票，交代危险点及安全措施。经危险点、安全措施告知提问无误后，作业人员在工作票上签名确认	
	7	工作负责人现场复勘，核对工作线路双重命名、杆号，检查环境是否符合作业要求，检查线路装置是否具备不停电作业条件，检查工作票所列安全措施，必要时在工作票上补充安全技术措施	

2.2 作业程序

√	序号	作业内容	作业步骤及标准	安全措施及注意事项
	1	现场作业准备	到达作业现场以后，按照不停电现场标准化作业流程要求做好检查作业人员身体状况、现场测量风速及空气湿度、与调度联系、召开站班会、检查核对线路、检查放置工器具、材料和布置场地等现场作业前各项准备工作	（1）根据现场勘察情况，需停用重合闸的，提前一周通知调度。 （2）分工明确、交代安全措施详细。 （3）检查线路和树木的距离。 （4）现场安全措施完备，在交通繁忙的区域应设置"不停电作业，车辆绕行"的警示牌

√	序号	作业内容	作业步骤及标准	安全措施及注意事项
	2	穿戴防护用具	斗内电工配戴好安全帽、绝缘安全带、穿戴好绝缘手套及外层防刺手套、绝缘披肩，戴上护目镜。工作负责人检查斗内电工绝缘防护用具穿戴情况。确认无误后，斗内电工方可进入工作斗	（1）戴清洁、干燥的手套，防止在使用时脏污和受潮。 （2）工器具材料应放在干净的绝缘垫上
	3	上升工作斗	作业人员进入工作斗前，应检查工作斗是否超载。检查完毕后，斗内电工携带工器具进入工作斗，将工器具、材料分类放置在斗中和工具袋中，将安全带的钩子挂在斗内专用挂钩上。在做好上述准备工作后，由2号电工操作工作斗平稳上升。工作斗上升时，2号电工要选择好绝缘斗的升起回转路径，避开可能影响斗臂车升起、回转的障碍物	（1）人员进入工作斗前应空斗试操作1次，确认液压传动、回转、升降、伸缩系统工作正常，操作灵活，制动装置可靠。 （2）绝缘斗臂车作业前需可靠接地，接地体埋深0.6m以上。 （3）绝缘斗臂车工作应注意避开附近高低压线及障碍物。 （4）操作斗应平滑、稳定，上升过程中，对可能触及范围内的高低压带电部件需进行绝缘遮蔽
	4	验电	工作斗升至作业点处，由1号电工对10kV验电器进行检测，在验电器检测正常后，用验电器从下方至上方依次对杆塔、横担进行验电。在验电过程中斗内2号电工负责监护。验电完成后，斗内2号电工向地面工作负责人报告验电结果。地面工作负责人指示斗内电工进行下一步作业	选取相应电压等级的验电器
	5	内边相绝缘遮蔽，安装绝缘横担及导线移位	斗内2号电工操作绝缘斗臂车移至内边相适合作业点处。斗内1号电工用绝缘高压护套管和绝缘树脂毯对内边相柱式绝缘子、横担和两边导线进行绝缘遮蔽，斗内2号电工调整工作斗至安装绝缘横担处，1号、2号电工配合安装好绝缘横担。调整工作斗至内边相作业点处，放下吊绳并使用绝缘绳套吊好导线，1号电工拆开柱式绝缘子上的扎线，利用小吊将导线移至绝缘横担托槽内，收回吊绳，用树脂毯对其进行绝缘遮蔽，并拆除原绝缘子上的绝缘遮蔽	（1）按照由近至远、从大到小、从低到高的原则进行遮蔽。 （2）两块绝缘树脂毯应有15cm以上的重叠，并用绝缘夹以防脱落

√	序号	作业内容	作业步骤及标准	安全措施及注意事项
	6	外边相绝缘遮蔽,安装绝缘横担及导线移位	斗内2号电工操作绝缘斗臂车移至外边相适合作业点处。斗内1号电工用绝缘高压护套管和绝缘树脂毯对外边相柱式绝缘子、横担和两边导线进行绝缘遮蔽,斗内2号电工调整工作斗至安装绝缘横担处,1号、2号电工配合安装好绝缘横担。调整工作斗至外边相作业点处,放下吊绳并使用绝缘绳套吊好导线,1号电工拆开柱式绝缘子上的扎线,利用小吊将导线移至绝缘横担托槽内,收回吊绳,用树脂毯对其进行绝缘遮蔽,并拆除原绝缘子上的绝缘遮蔽	(1)按照由近至远、从大到小、从低到高的原则进行遮蔽 (2)两块绝缘树脂毯应有15cm以上的重叠,并用绝缘夹以防脱落
	7	更换横担及绝缘遮蔽	斗内2号电工操作绝缘斗臂车移至横担适合作业点处斗,内1号、2号电工协同配合拆下柱式绝缘子和旧横担,安装好新横担及柱式绝缘子。对横担及柱式绝缘子用绝缘树脂毯进行绝缘遮蔽	
	8	外边相导线复位	斗内2号电工操作绝缘斗臂车移至外边相适合作业点处,放下吊绳并使用绝缘绳套吊好导线,斗内1号电工拆除绝缘横担托槽上的绝缘遮蔽,利用小吊将导线移至新装横担的柱式绝缘子上并用扎线固定,收回吊绳。导线复位后用树脂毯对柱式绝缘子进行绝缘遮蔽。调整工作斗至绝缘横担处并拆除绝缘横担。然后调整工作斗至柱式绝缘子处,拆除横担及柱式绝缘子和导线上的绝缘遮蔽	(1)绑扎应该牢固,并做好绝缘保护措施,绝缘措施应该可靠。 (2)按照由远至近、从小到大、从高到低的原则拆除遮蔽
	9	内边相导线复位	斗内2号电工操作绝缘斗臂车移至内边相适合作业点处,放下吊绳并使用绝缘绳套吊好导线,斗内1号电工拆除绝缘横担托槽上的绝缘遮蔽,利用小吊将导线移至新装横担的柱式绝缘子上并用扎线固定,收回吊绳。导线复位后用树脂毯对柱式绝缘子进行绝缘遮蔽。调整工作斗至绝缘横担处并拆除绝缘横担。然后调整工作斗至柱式绝缘子处,拆除横担及柱式绝缘子和导线上的绝缘遮蔽	(1)绑扎应该牢固,并做好绝缘保护措施,绝缘措施应该可靠。 (2)按照由远至近、从小到大、从高到低的原则拆除遮蔽

√	序号	作业内容	作业步骤及标准	安全措施及注意事项
	10	竣工验收	直线横担更换完成以后，斗内电工检查确认符合质量要求，杆塔上无遗留物，斗内2号电工报告地面工作负责人工作已经结束，经地面工作负责人同意返回地面	

2.3 作业终结

√	序号	作业终结内容要求项目	备注
	1	作业人员清理工作现场检查确无问题	
	2	检查工器具、回收材料是否齐全	
	3	工作负责人组织全体作业人员召开收工会	
	4	全体作业人员撤离工作现场，工作负责人向工作许可人汇报，履行工作终结手续	
	5	召开班后会，进行总结。整理资料并归档	

3 验收总结

序号		内　容
1	验收评价	
2	存在问题及处理意见	

附录 10 10kV××线××号杆不停电更换悬式绝缘子 标准作业卡（绝缘手套作业）

编写：＿＿＿＿＿＿＿＿＿＿＿ ＿＿＿年＿月＿日

审批：＿＿＿＿＿＿＿＿＿＿＿ ＿＿＿年＿月＿日

作业负责人：＿＿＿＿＿＿＿＿＿

作业日期：＿＿＿年＿月＿日＿时至＿＿＿年＿月＿日＿时

1 作业前准备

1.1 准备工作安排

√	序号	内 容	标 准	备 注
	1	现场勘察	工作负责人依据"配电作业现场勘察记录表"进行现场勘察，做好现场勘察记录	
	2	联系调度	联系调度，了解系统接线的运行方式，申请是否需要停用重合闸	
	3	组织现场作业人员学习标准作业卡	组织现场作业人员学习指导卡，掌握整个操作程序，理解工作任务、质量标准及操作中的危险点及控制措施	
	4	出工前"三交三查"	（1）"三交"主要内容：工作任务、安全措施、技术措施、岗位分工、现场其他注意事项。 （2）"三查"主要内容：人员健康、精神状况、劳保着装情况和安全工器具是否完好等	

1.2 人员要求

√	序号	内 容	备 注
	1	作业人员精神状态良好	
	2	具备必要的电气知识，并经《安规》考试合格	
	3	不停电作业人员必须经过不停电作业培训，经考试合格，并执证上岗	
	4	工作负责人必须进行现场勘察，熟悉现场情况	
	5	监护人应由有不停电作业实践经验的人员担任	
	6	被监护人在作业过程中监护人应专心监护，不得从事其他工作	
	7	作业中互相关心施工安全，及时纠正不安全的行为	
	8	进入作业现场，穿合格工作服、绝缘鞋，戴安全帽	
	9	熟悉工作内容、工作流程和技术要求，掌握安全措施，明确工作中的危险点及防范措施	
	10	作业人员应熟悉绝缘斗臂车的操作程序及绝缘工具的正确使用	

1.3 工器具

√	序号	名 称	型号/规格	单位	数量	备注
	1	绝缘斗臂车	16.8m	辆	1	
	2	绝缘安全带		根	2	
	3	绝缘手套（含羊皮手套）	YS－101－31－03	双	2	
	4	绝缘绳		根	1	

√	序号	名　　称	型号/规格	单位	数量	备注
	5	绝缘帽	YS-125-02-01	顶	4	
	6	绝缘披肩	YS-126-01-05	件	2	
	7	绝缘橡胶毯	TG-105	块	1	
	8	绝缘树脂毯	YS-241-01-04	块	12	
	9	绝缘毯夹	5型	个	24	
	10	绝缘导线遮蔽罩		根	2	
	11	绝缘拉杆	12mm×50mm×600mm	块	1	
	12	绝缘紧线机		把	1	
	13	卡线器		只	2	
	14	绝缘检测仪	5000V	只	1	
	15	高强度绝缘绳套		根	2	
	16	卸扣		只	1	
	17	对讲机		部	2	
	18	防潮垫		块	1	
	19	充气式绝缘手套检测仪		只	1	
	20	护目镜		副	2	
	21	风速测试仪		台	1	
	22	湿度仪		台	1	
	23	安全围绳		m	100	
	24	道路警示牌		块	2	
	25	干燥清洁巾		块	2	
	26	工具包（含工具）		套	1	
	27	10kV验电器及高压发生器		组	1	

1.4　材料

√	序号	名　　称	型　　号	单位	数量	备注
	1	悬式绝缘子		片	6	
	2	直角挂扳		只	6	
	3	球头		只	3	
	4	碗头		只	3	

注　准备的材料根据现场情况具体决定。

1.5 危险点分析及安全控制措施

√	序号	危险点	安全控制措施	备注
	1	触电	（1）不停电作业必须在良好的天气下进行，工作中如遇雷、雨、雾、风力大于五级等不利于带电作业的天气，工作负责人应立即停止现场作业。 （2）不停电人员作业时应保持对带电体距离0.4m以上，对邻相带电体距离0.6m以上，绝缘操作杆有效长度0.7m及以上，绝缘绳有效长度0.4m以上，绝缘臂有效长度1m以上。若小于上述距离必须增加绝缘遮蔽措施。 （3）装设、拆除绝缘遮蔽时应戴绝缘手套，必要时使用绝缘杆，作业人员与绝缘遮蔽物发生短时接触的部位应采用组合绝缘遮蔽。一相作业完成后，应迅速对其恢复和保持绝缘遮蔽，然后再对另一相开展作业。 （4）用绝缘毯遮蔽时，要注意夹紧固定，两相邻绝缘毯间应有15cm以上重叠。 （5）工作中车体应良好接地，斗臂车金属臂仰起、回转运动中与带电体的安全距离不得小于1m，若小于上述距离必须增加绝缘遮蔽措施	
	2	高空坠落	绝缘斗中的作业人员应使用安全带，戴好绝缘安全帽。安全带必须系在工作斗内专用挂钩上	
	3	高处坠物伤人	现场作业人员必须戴安全帽。绝缘液压臂及作业点的垂直下方严禁站人，高空作业防止掉东西，上下传递物件应用绝缘绳拴牢，严禁上下抛掷。作业范围四周应设围栏和警示标志，防止非作业人员进入作业区	
	4	线路短路接地	应采取防止引流线摆动的措施，当引流线间距离不能满足要求时，需进行绝缘遮蔽	

1.6 作业分工

√	序号	分工项目	分组负责人（签名）	作业人员（签名）
	1	工作负责人（专职监护人）		
	2	工器具准备		
	3	斗内1号电工		
	4	斗内2号电工		
	5	地面电工		

1.7 定置图及围栏图

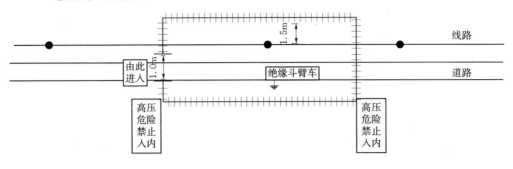

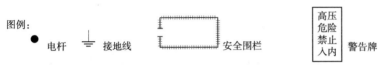

10kV ××线××号杆不停电更换悬式绝缘子现场作业布置图

2 作业阶段

2.1 开工

√	序号	开工内容项目	备注
	1	进入现场人员均应戴好安全帽，做好个人防护措施	
	2	在居民和交通道口作业时，工作场所周围装设可靠遮栏，必要时加挂警示标牌	
	3	检查工器具、材料是否合格齐全	
	4	工作前和调度电话联系，告知调度作业地点和工作任务并得到调度确定，方可工作	
	5	现场安全措施布置完毕，工作负责人得到全部工作许可人许可后，工作许可人在工作票上签名或记录	
	6	召开开工会，工作负责人宣读工作票，交代危险点及安全措施。经危险点、安全措施告知提问无误后，作业人员在工作票上签名确认	
	7	工作负责人现场复勘，核对工作线路双重命名、杆号，检查环境是否符合作业要求，检查线路装置是否具备不停电作业条件，检查工作票所列安全措施，必要时在工作票上补充安全技术措施	

2.2 作业程序

√	序号	作业内容	作业步骤及标准	安全措施及注意事项
	1	现场作业准备	到达作业现场以后，按照不停电现场标准化作业流程要求做好检查作业人员身体状况、现场测量风速及空气湿度、与调度联系、召开站班会、检查核对线路、检查放置工器具、材料和布置场地等现场作业前各项准备工作	（1）根据现场勘察情况，需停用重合闸的，提前一周通知调度。 （2）分工明确、交代安全措施详细。 （3）检查线路和树木的距离。 （4）现场安全措施完备，在交通繁忙的区域应设置"不停电作业，车辆绕行"的警示牌

√	序号	作业内容	作业步骤及标准	安全措施及注意事项
	2	穿戴防护用具	斗内电工配戴好安全帽、绝缘安全带、穿戴好绝缘手套及外层防刺手套、绝缘披肩，戴上护目镜。工作负责人检查斗内电工绝缘防护用具穿戴情况。确认无误后，斗内电工方可进入工作斗	（1）戴清洁、干燥的手套，防止在使用时脏污和受潮。 （2）工器具材料应放在干净的绝缘垫上
	3	上升工作斗	作业人员进入工作斗前，应检查工作斗是否超载。检查完毕后，斗内电工携带工器具进入工作斗，将工器具、材料分类放置在斗中和工具袋中，将安全带的钩子挂在斗内专用挂钩上。在做好上述准备工作后，由2号电工操作工作斗平稳上升。工作斗上升时，2号电工要选择好绝缘斗的升起回转路径，避开可能影响斗臂车升起、回转的障碍物	（1）人员进入工作斗前应空斗试操作1次，确认液压传动、回转、升降、伸缩系统工作正常，操作灵活，制动装置可靠。 （2）绝缘斗臂车作业前需可靠接地，接地体埋深0.6m以上。 （3）绝缘斗臂车工作应注意避开附近高低压线及障碍物。 （4）操作斗应平滑、稳定，上升过程中，对可能触及范围内的高低压带电部件进行绝缘遮蔽
	4	验电	工作斗升至作业点处，由1号电工对10kV验电器进行检测，在验电器检测正常后，用验电器从下方至上方依次对杆塔、横担进行验电。在验电过程中斗内2号电工负责监护。验电完成后，斗内2号电工向地面工作负责人报告验电结果。地面工作负责人指示斗内电工进行下一步作业	选取相应电压等级的验电器
	5	更换外边相绝缘子	斗内2号电工操作绝缘斗臂车移至外边相适合作业点处。1号电工用绝缘树脂毯对外边相耐张线夹和绝缘子进行绝缘遮蔽。在横担上挂好绝缘拉杆和绝缘绳套，用绝缘橡胶毯对横担进行绝缘遮蔽。1号、2号电工配合在导线上卡上2只卡线器，将绝缘紧线机、绝缘拉杆、导线卡线器相连，用高强度绝缘保护绳和另一导线卡线器做好防止导线脱落的后备保护。1号电工收紧导线，1号、2号电工配合拆开外边相绝缘子与耐张线夹连接螺栓，将耐张线夹进行绝缘遮蔽，拆除旧绝缘子，安装新绝缘子。用绝缘树脂毯对新装绝缘子和横担进行绝缘遮蔽，拆开耐张线夹上的绝缘遮蔽，将耐张线夹和绝缘子串连接牢固，松开紧线机，拆除绝缘紧线机、卡线器和绝缘遮蔽用具	（1）按照由近至远、从大到小、从低到高的原则进行遮蔽。 （2）用绝缘毯遮蔽时，要注意夹紧固定，两相邻绝缘毯间应有15cm以上重叠。 （3）引线摆动不能过大，动作仔细小心。 （4）按照由远至近、从小至大、从高到低原则拆除遮蔽

√	序号	作业内容	作业步骤及标准	安全措施及注意事项
	6	内边相绝缘遮蔽	斗内2号电工操作绝缘斗臂车移至内边相适合作业点处。斗内1号电工用导线遮蔽罩和绝缘树脂毯对内边相导线进行绝缘遮蔽，用绝缘树脂毯对内边相耐张线夹和绝缘子进行绝缘遮蔽，用绝缘橡胶毯对横担进行绝缘遮蔽	用绝缘毯遮蔽时，要注意夹紧固定，两相邻绝缘毯间应有15cm以上重叠
	7	更换中相绝缘子	斗内2号电工操作绝缘斗臂车移至中相适合作业点处。1号电工用绝缘树脂毯对中相耐张线夹和绝缘子进行绝缘遮蔽。在杆顶挂好绝缘拉杆和绝缘绳套，用绝缘树脂毯进行绝缘遮蔽。1号、2号电工配合在导线上卡上2只卡线器，将绝缘紧线机、绝缘拉杆、导线卡线器相连，用高强度绝缘保护绳和另一导线卡线器做好防止导线脱落的后备保护。1号电工收紧导线，1号、2号电工配合拆开中相绝缘子与耐张线夹连接螺栓，将耐张线夹进行绝缘遮蔽，拆除旧绝缘子，安装新绝缘子。用绝缘树脂毯对新装绝缘子和横担进行绝缘遮蔽，拆开耐张线夹上的绝缘遮蔽，将耐张线夹和绝缘子串连接牢固，松开紧线机，拆除绝缘紧线机、卡线器和绝缘遮蔽用具	(1) 按照由近至远、从大到小、从低到高的原则进行遮蔽。 (2) 用绝缘毯遮蔽时，要注意夹紧固定，两相邻绝缘毯间应有15cm以上重叠。 (3) 引线摆动不能过大，动作仔细小心。 (4) 按照由远至近、从小到大、从高到低原则拆除遮蔽
	8	更换内边相绝缘子	斗内2号电工操作绝缘斗臂车移至内边相适合作业点处。1号电工在横担上挂好绝缘拉杆和绝缘绳套。1号、2号电工配合在导线上卡上2只卡线器，将绝缘紧线机、绝缘拉杆、导线卡线器相连，用高强度绝缘保护绳和另一导线卡线器做好防止导线脱落的后备保护。1号电工收紧导线，1号、2号电工配合拆开内边相绝缘子与耐张线夹连接螺栓，将耐张线夹进行绝缘遮蔽，拆除旧绝缘子，安装新绝缘子。用绝缘树脂毯对新装绝缘子和横担进行绝缘遮蔽，拆开耐张线夹上的绝缘遮蔽，将耐张线夹和绝缘子串连接牢固，松开紧线机，拆除绝缘紧线机、卡线器和绝缘遮蔽用具	(1) 按照由近至远、从大到小、从低到高的原则进行遮蔽。 (2) 用绝缘毯遮蔽时，要注意夹紧固定，两相邻绝缘毯间应有15cm以上重叠。 (3) 引线摆动不能过大，动作仔细小心。 (4) 按照由远至近、从小到大、从高到低原则拆除遮蔽
	9	竣工验收	悬式绝缘子更换完成以后，斗内电工检查确认质量符合要求，杆塔上无遗留物，斗内2号电工报告地面工作负责人工作已经结束，经地面工作负责人同意返回地面	

2.3 作业终结

√	序号	作业终结内容要求项目	备注
	1	作业人员清理工作现场检查确无问题	
	2	检查工器具、回收材料是否齐全	
	3	工作负责人组织全体作业人员召开收工会	
	4	全体作业人员撤离工作现场，工作负责人向工作许可人汇报，履行工作终结手续	
	5	召开班后会，进行总结。整理资料并归档	

3 验收总结

序号		内　容
1	验收评价	
2	存在问题及处理意见	

附录 11　10kV××线××号杆无负荷不停电更换
开关标准作业卡（绝缘手套作业）

编写：_____　____年__月__日

审批：_____　____年__月__日

作业负责人：_____

作业日期：____年__月__日__时至____年__月__日__时

1 作业前准备

1.1 准备工作安排

√	序号	内 容	标 准	备 注
	1	现场勘察	工作负责人依据"配电作业现场勘察记录表"进行现场勘察，做好现场勘察记录	
	2	联系调度	联系调度，了解系统接线的运行方式，申请是否需要停用重合闸	
	3	组织现场作业人员学习标准作业卡	组织现场作业人员学习指导卡，掌握整个操作程序，理解工作任务、质量标准及操作中的危险点及控制措施	
	4	出工前"三交三查"	（1）"三交"主要内容：工作任务、安全措施、技术措施、岗位分工、现场其他注意事项。 （2）"三查"主要内容：人员健康、精神状况、劳保着装情况和安全工器具是否完好等	

1.2 人员要求

√	序号	内 容	备 注
	1	作业人员精神状态良好	
	2	具备必要的电气知识，并经《安规》考试合格	
	3	不停电作业人员必须经过不停电作业培训，经考试合格，并执证上岗	
	4	工作负责人必须进行现场勘察，熟悉现场情况	
	5	监护人应由有不停电作业实践经验的人员担任	
	6	被监护人在作业过程中监护人应专心监护，不得从事其他工作	
	7	作业中互相关心施工安全，及时纠正不安全的行为	
	8	进入作业现场，穿合格工作服、绝缘鞋，戴安全帽	
	9	熟悉工作内容、工作流程和技术要求，掌握安全措施，明确工作中的危险点及防范措施	
	10	作业人员应熟悉绝缘斗臂车的操作程序及绝缘工具的正确使用	

1.3 工器具

√	序号	名 称	型号/规格	单位	数量	备注
	1	绝缘斗臂车	16.8m	辆	1	

√	序号	名　　称	型号/规格	单位	数量	备注
	2	绝缘安全帽	YS-125-02-01	顶	4	
	3	绝缘手套（含羊皮手套）	YS-101-31-03	双	2	
	4	绝缘披肩	YS-126-01-05	件	2	
	5	绝缘安全带	LSA-90	根	2	
	6	绝缘传递绳	$\phi 12-13m$	根	2	
	7	绝缘树脂毯	YS-241-01-04	块	8	
	8	绝缘毯夹	5型	个	16	
	9	绝缘挡板	4mm×700mm×600mm	块	1	
	10	绝缘遮蔽罩	10kV	根	2	
	11	绝缘橡胶毯	1000mm×750mm	块	2	
	12	绝缘锁杆	$\phi 30 \times 1200mm$	根	1	
	13	防潮垫	3000mm×2800mm	块	1	
	14	绝缘检测仪	2500V	台	1	
	15	绝缘杆验电器	10kV	根	1	
	16	对讲机	GP328	只	2	
	17	警示围栏	50m	套	1	
	18	干湿仪		只	1	
	19	警示牌		块	2	

1.4　材料

√	序号	名　　称	型　号	单位	数量	备注
	1	电力复合脂		支	1	
	2	开关（断路器）	SF6	台	1	
	3	镀锌螺丝	$\phi 12 \times 35$	只	6	

注　准备的材料根据现场情况具体决定。

1.5　危险点分析及安全控制措施

✓	序号	危险点	安全控制措施	备注
	1	触电	（1）不停电作业必须在良好的天气下进行，工作中如遇雷、雨、雾、风力大于五级等不利于带电作业的天气，工作负责人应立即停止现场作业。 （2）不停电人员作业时应保持对带电体距离0.4m以上，对邻相带电体距离0.6m以上，绝缘操作杆有效长度0.7m及以上，绝缘绳有效长度0.4m以上，绝缘臂有效长度1m以上。若小于上述距离必须增加绝缘遮蔽措施。 （3）装设、拆除绝缘遮蔽时应戴绝缘手套，必要时使用绝缘杆，作业人员与绝缘遮蔽物发生短时接触的部位应采用组合绝缘遮蔽。一相作业完成后，应迅速对其恢复和保持绝缘遮蔽，然后再对另一相开展作业。 （4）用绝缘毯遮蔽时，要注意夹紧固定，两相邻绝缘毯间应有15cm以上重叠。 （5）工作中车体应良好接地，斗臂车金属臂仰起、回转运动中与带电体的安全距离不得小于1m，若小于上述距离必须增加绝缘遮蔽措施	
	2	高空坠落	绝缘斗中的作业人员应使用安全带，戴好绝缘安全帽。安全带必须系在工作斗内专用挂钩上	
	3	高处坠物伤人	现场作业人员必须戴安全帽。绝缘液压臂及作业点的垂直下方严禁站人，高空作业防止掉东西，上下传递物件应用绝缘绳拴牢，严禁上下抛掷。作业范围四周应设围栏和警示标志，防止非作业人员进入作业区	
	4	线路短路接地	应采取防止引流线摆动的措施，当引线间距离不能满足要求时，需进行绝缘遮蔽	

1.6　作业分工

✓	序号	分工项目	分组负责人（签名）	作业人员（签名）
	1	工作负责人（专职监护人）		
	2	工器具准备		
	3	斗内1号电工		
	4	斗内2号电工		
	5	地面电工		

1.7 定置图及围栏图

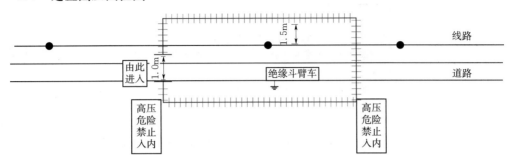

图例：

10kV ××线××号杆无负荷不停电更换开关现场作业布置图

2 作业阶段

2.1 开工

√	序号	开工内容项目	备注
	1	进入现场人员均应戴好安全帽，做好个人防护措施	
	2	在居民和交通道口作业时，工作场所四周装设可靠遮栏，必要时加挂警示标牌	
	3	检查工器具、材料是否合格齐全	
	4	工作前和调度电话联系，告知调度作业地点和工作任务并得到调度确定，方可工作	
	5	现场安全措施布置完毕，工作负责人得到全部工作许可人许可后，工作许可人在工作票上签名或记录	
	6	召开开工会，工作负责人宣读工作票，交代危险点及安全措施。经危险点、安全措施告知提问无误后，作业人员在工作票上签名确认	
	7	工作负责人现场复勘，核对工作线路双重命名、杆号，检查环境是否符合作业要求，检查线路装置是否具备不停电作业条件，检查工作票所列安全措施，必要时在工作票上补充安全技术措施	

2.2 作业程序

√	序号	作业内容	作业步骤及标准	安全措施及注意事项
	1	现场作业准备	到达作业现场以后，按照不停电现场标准化作业流程要求做好检查作业人员身体状况、现场测量风速及空气湿度、与调度联系、召开站班会、检查核对线路、检查放置工器具、材料和布置场地等现场作业前各项准备工作	（1）根据现场勘察情况，需停用重合闸的，提前一周通知调度。 （2）分工明确、交代安全措施详细。 （3）检查线路和树木的距离。 （4）现场安全措施完备，在交通繁忙的区域应设置"不停电作业，车辆绕行"的警示牌

√	序号	作业内容	作业步骤及标准	安全措施及注意事项
	2	穿戴防护用具	斗内电工配戴好安全帽、绝缘安全带、穿戴好绝缘手套及外层防刺手套、绝缘披肩，戴上护目镜。工作负责人检查斗内电工绝缘防护用具穿戴情况。确认无误后，斗内电工方可进入工作斗	（1）戴清洁、干燥的手套，防止在使用时脏污和受潮。 （2）工器具材料应放在干净的绝缘垫上
	3	上升工作斗	作业人员进入工作斗前，应检查工作斗是否超载。检查完毕后，斗内电工携带工器具进入工作斗，将工器具、材料分类放置在斗中和工具袋中，将安全带的钩子挂在斗内专用挂钩上。在做好上述准备工作后，由2号电工操作工作斗平稳上升。工作斗上升时，2号电工要选择好绝缘斗的升起回转路径，避开可能影响斗臂车升起、回转的障碍物	（1）人员进入工作斗前应空斗试操作1次，确认液压传动、回转、升降、伸缩系统工作正常，操作灵活，制动装置可靠。 （2）绝缘斗臂车作业前需可靠接地，接地体埋深0.6m以上。 （3）绝缘斗臂车工作应注意避开附近高低压线及障碍物。 （4）操作斗应平滑、稳定，上升过程中，对可能触及范围内的高低压带电部件需进行绝缘遮蔽
	4	验电	工作斗升至作业点处，由1号电工对10kV验电器进行检测，在验电器检测正常后，用验电器从下方至上方依次对杆塔、横担进行验电。在验电过程中斗内2号电工负责监护。验电完成后，斗内2号电工向地面工作负责人报告验电结果。地面工作负责人指示斗内电工进行下一步作业	选取相应电压等级的验电器
	5	拆除内边相引线	（1）检查确认开关在断开位置，并确认线路无电流。 （2）调整工作斗至内边相引线横担处，用绝缘挡板隔开中相引线。 （3）用绝缘树脂毯遮蔽内边相引线处横担，绝缘锁杆将内边相引线固定后，拆开引线。 （4）提升已拆开的引线至内边相导线处，将引线与导线固定，用绝缘树脂毯进行遮蔽	（1）按照由近至远、从大到小、从低到高的原则，采取遮蔽措施。 （2）对作业范围内不满足安全距离的带电导线、引线、横担、瓷瓶及连接构件均需进行遮蔽。 （3）用绝缘树脂毯遮蔽时，要注意夹紧固定，两相邻组合绝缘间应有15cm以上重叠
	6	拆除外边相引线	（1）调整工作斗至外边相引线横担处。 （2）用绝缘绝缘树脂毯遮蔽外边相引线处横担，绝缘锁杆将外边相引线固定后，拆开引线。 （3）提升已拆开的引线至外边相导线处，将引线与导线固定，用导线绝缘遮蔽罩、绝缘树脂毯进行遮蔽，并在工作斗需靠近位置上盖好绝缘橡胶毯	（1）按照由近至远、从大到小、从低到高的原则，采取遮蔽措施。 （2）对作业范围内不满足安全距离的带电导线、引线、横担、瓷瓶及连接构件均需进行遮蔽。 （3）用绝缘树脂毯遮蔽时，要注意夹紧固定，两相邻组合绝缘间应有15cm以上重叠

√	序号	作业内容	作业步骤及标准	安全措施及注意事项
	7	拆除中相引线	(1) 调整工作斗位置至外边相导线处。 (2) 用绝缘锁杆将搭接点处的中相引线固定后,拆除线夹,抽出引线,缓慢降下引线。 (3) 调整工作斗至中相引线横担处,将中相引线盘好固定	(1) 按照由近至远、从大到小、从低到高的原则,采取遮蔽措施。 (2) 对作业范围内不满足安全距离的带电导线、引线、横担、瓷瓶及连接构件均需进行遮蔽。 (3) 用绝缘树脂毯遮蔽时,要注意夹紧固定,两相邻组合绝缘间应有15cm以上重叠
	8	拆除开关引线	(1) 调整工作斗位置至开关处,验明开关两侧已确无电压。 (2) 由近及远,拆除开关电源侧三相引线并盘起。 (3) 近及远,拆除开关受电侧三相引线并盘起	拆除引线时监护人加强监护,作业人员需保持与带电线路最小0.7m以上安全距离
	9	拆除开关	(1) 调整工作斗小吊在开关的正上方,并固定好吊点及带紧吊绳。 (2) 拆除开关接地引线及底脚螺丝,绑好地面调整绳。 (3) 将开关吊离支架,用吊绳将其放至地面	(1) 开关下部应绑好调整绳,防止开关碰撞或倾覆。 (2) 起吊开关应缓慢进行,发现吊点不合适应立即调整。 (3) 起吊时应防止开关两侧套管受力造成的破损
	10	安装开关	(1) 地面电工将更换的开关固定好吊点,工作斗电工用吊绳将开关吊至安装位置。 (2) 安装底脚螺丝及开关接地引线。 (3) 松开吊绳并拆除。 (4) 由远及近恢复开关两侧引线。 (5) 新安装的开关绝缘良好,并确认开关在断开位置	(1) 开关下部应绑好调整绳,防止开关碰撞或倾覆。 (2) 起吊开关应缓慢进行,发现吊点不合适应立即调整。 (3) 起吊时应防止开关两侧套管受力造成的破损
	11	恢复中相引线	(1) 将工作斗调整至中相引线横担处,用绝缘锁杆将引线固定。 (2) 调整工作斗位置至外边相导线组合绝缘处,提升中相引线,在导线搭接点安装好线夹,插入引线并固定,松开锁杆	(1) 提升中相引线时要控制在外边相导线的组合绝缘范围内,并注意保持与邻相导线的安全距离,监护人应加强监护。 (2) 工作斗接触导线位置应在遮蔽的组合绝缘部位
	12	恢复外边相引线	(1) 调整工作斗至外边相导线处,拆除绝缘遮蔽物,拆开固定在导线上的外边相引线,用绝缘锁杆固定。 (2) 调整工作斗位置至外边相引线横担,搭接外边相引线。 (3) 拆除遮蔽外边相引线横担处的绝缘树脂毯	按照由远至近、从小到大、从高到低的原则,拆除遮蔽措施

√	序号	作业内容	作业步骤及标准	安全措施及注意事项
	13	恢复内边相引线	（1）调整工作斗至内边相导线处，拆除绝缘遮蔽物，拆开固定在导线上的内边相引线。 （2）调整工作斗位置至内边相引线横担，搭接内边相引线。 （3）拆除遮蔽内边相引线横担处的绝缘树脂毯和绝缘挡板	按照由远至近、从小到大、从高到低的原则，拆除遮蔽措施
	14	竣工验收	开关更换完成以后，斗内电工检查确认符合质量要求，杆塔上无遗留物，斗内2号电工报告地面工作负责人工作已经结束，经地面工作负责人同意返回地面	

2.3 作业终结

√	序号	作业终结内容要求项目	备注
	1	作业人员清理工作现场检查确无问题	
	2	检查工器具、回收材料是否齐全	
	3	工作负责人组织全体作业人员召开收工会	
	4	全体作业人员撤离工作现场，工作负责人向工作许可人汇报，履行工作终结手续	
	5	召开班后会，进行总结。整理资料并归档	

3 验收总结

序号	内　　容	
1	验收评价	
2	存在问题及处理意见	

附录 12　10kV××线××号杆带负荷更换跌落式熔断器
标准作业卡（绝缘手套作业）

编写：＿＿＿＿＿＿＿＿＿＿＿　＿＿＿年＿月＿日

审批：＿＿＿＿＿＿＿＿＿＿＿　＿＿＿年＿月＿日

作业负责人：＿＿＿＿＿＿＿＿

作业日期：＿＿＿年＿月＿日＿时至＿＿＿年＿月＿日＿时

建议：在更换中相跌落时使用两根带消弧器的引流线，这样可以减少绝缘措施的工作量，减少危险性。

1 作业前准备

1.1 准备工作安排

√	序号	内 容	标 准	备 注
	1	现场勘察	工作负责人依据"配电作业现场勘察记录表"进行现场勘察，做好现场勘察记录	
	2	联系调度	联系调度，了解系统接线的运行方式，申请是否需要停用重合闸	
	3	组织现场作业人员学习标准作业卡	组织现场作业人员学习指导卡，掌握整个操作程序，理解工作任务、质量标准及操作中的危险点及控制措施	
	4	出工前"三交三查"	（1）"三交"主要内容：工作任务、安全措施、技术措施、岗位分工、现场其他注意事项。 （2）"三查"主要内容：人员健康、精神状况、劳保着装情况和安全工器具是否完好等	

1.2 人员要求

√	序号	内 容	备 注
	1	作业人员精神状态良好	
	2	具备必要的电气知识，并经《安规》考试合格	
	3	不停电作业人员必须经过不停电作业培训，经考试合格，并执证上岗	
	4	工作负责人必须进行现场勘察，熟悉现场情况	
	5	监护人应由有不停电作业实践经验的人员担任	
	6	被监护人在作业过程中监护人应专心监护，不得从事其他工作	
	7	作业中互相关心施工安全，及时纠正不安全的行为	
	8	进入作业现场，穿合格工作服、绝缘鞋，戴安全帽	
	9	熟悉工作内容、工作流程和技术要求，掌握安全措施，明确工作中的危险点及防范措施	
	10	作业人员应熟悉绝缘斗臂车的操作程序及绝缘工具的正确使用	

1.3 工器具

√	序号	名 称	型号/规格	单位	数量	备 注
	1	绝缘斗臂车	16.8m	辆	1	
	2	绝缘安全带		根	2	
	3	绝缘手套（含羊皮手套）	YS－101－31－03	双	2	

✓	序号	名　称	型号/规格	单位	数量	备注
	4	绝缘绳		根	1	
	5	绝缘帽	YS－125－02－01	顶	4	
	6	绝缘披肩	YS－126－01－05	件	2	
	7	绝缘树脂毯	YS－241－01－04	块	6	
	8	绝缘毯夹	5型	个	12	
	9	绝缘挡板	JGB－1	块	2	
	10	电流表		只	1	
	11	引流线	400A	根	1	
	12	消弧器	6600A	只	1	
	13	验电器	10kV	支	1	
	14	绝缘检测仪	5000V	只	1	
	15	对讲机		部	2	
	16	绝缘锁杆			1	
	17	充气式绝缘手套检测仪		只	1	
	18	绝缘跳线管		根	6	
	19	风速测试仪		台	1	
	20	湿度仪		台	1	
	21	安全围绳		m	100	
	22	道路警示牌		块	2	
	23	干燥清洁巾		块	2	
	24	工具包（含工具）		套	1	
	25	护目镜		付	2	
	26	防潮垫		块	1	

1.4　材料

✓	序号	名　称	型　号	单位	数量	备注
	1	跌落式熔断器		只	3	

注　准备的材料根据现场情况具体决定。

1.5 危险点分析及安全控制措施

✓	序号	危险点	安全控制措施	备注
	1	触电	（1）不停电作业必须在良好的天气下进行，工作中如遇雷、雨、雾、风力大于五级等不利于不停电作业的天气，工作负责人应立即停止现场作业。 （2）不停电人员作业时应保持对带电体距离0.4m以上，对邻相带电体距离0.6m以上，绝缘操作杆有效长度0.7m及以上，绝缘绳有效长度0.4m以上，绝缘臂有效长度1m以上。若小于上述距离必须增加绝缘遮蔽措施。 （3）装设、拆除绝缘遮蔽时应戴绝缘手套，必要时使用绝缘杆，作业人员与绝缘遮蔽物发生短时接触的部位应采用组合绝缘遮蔽。一相作业完成后，应迅速对其恢复和保持绝缘遮蔽，然后再对另一相开展作业。 （4）用绝缘毯遮蔽时，要注意夹紧固定，两相邻绝缘毯间应有15cm以上重叠。 （5）工作中车体应良好接地，斗臂车金属臂仰起、回转运动中与带电体的安全距离不得小于1m，若小于上述距离必须增加绝缘遮蔽措施	
	2	高空坠落	绝缘斗中的作业人员应使用安全带，戴好绝缘安全帽。安全带必须系在工作斗内专用挂钩上	
	3	高处坠物伤人	现场作业人员必须戴安全帽。绝缘液压臂及作业点的垂直下方严禁站人，高空作业防止掉东西，上下传递物件应用绝缘绳拴牢，严禁上下抛掷。作业范围四周应设围栏和警示标志，防止非作业人员进入作业区	
	4	线路短路接地	应采取防止引流线摆动的措施，当引线间距离不能满足要求时，需进行绝缘遮蔽	

1.6 作业分工

✓	序号	分工项目	分组负责人（签名）	作业人员（签名）
	1	工作负责人（专职监护人）		
	2	工器具准备		
	3	斗内1号电工		
	4	斗内2号电工		
	5	地面电工		

1.7　定置图及围栏图

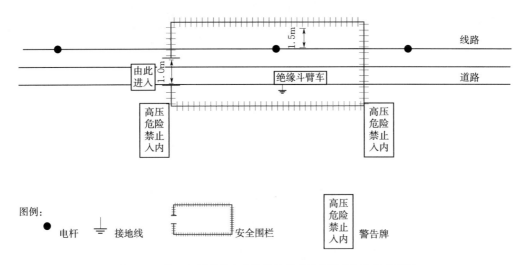

10kV ××线××号杆带负荷更换跌落式熔断器现场作业布置图

2　作业阶段

2.1　开工

√	序号	开工内容项目	备注
	1	进入现场人员均应戴好安全帽，做好个人防护措施	
	2	在居民和交通道口作业时，工作场所周围装设可靠遮栏，必要时加挂警示标牌	
	3	检查工器具、材料是否合格齐全	
	4	工作前和调度电话联系，告知调度作业地点和工作任务并得到调度确定，方可工作	
	5	现场安全措施布置完毕，工作负责人得到全部工作许可人许可后，工作许可人在工作票上签名或记录	
	6	召开开工会，工作负责人宣读工作票，交代危险点及安全措施．经危险点、安全措施告知提问无误后，作业人员在工作票上签名确认	
	7	工作负责人现场复勘，核对工作线路双重命名、杆号，检查环境是否符合作业要求，检查线路装置是否具备不停电作业条件，检查工作票所列安全措施，必要时在工作票上补充安全技术措施	

2.2 作业程序

√	序号	作业内容	作业步骤及标准	安全措施及注意事项
	1	现场作业准备	到达作业现场以后，按照不停电作业标准化作业流程要求做好检查作业人员身体状况、现场测量风速及空气湿度、与调度联系、召开站班会、检查核对线路、放置工器具、材料和布置场地等现场作业前各项准备工作	(1) 根据现场勘察情况，需停用重合闸的，提前一周通知调度。 (2) 分工明确，交代安全措施详细。 (3) 检查线路和树木的距离。 (4) 现场安全措施完备，在交通繁忙的区域应设置"不停电作业、车辆绕行"的警示牌
	2	穿戴防护用具	斗内电工配戴好安全帽，穿戴好绝缘手套、绝缘披肩、绝缘安全带，绝缘手套及外层防刺手套。工作负责人检查斗内电工绝缘防护用具穿戴情况，确认无误后，斗内电工方可进入工作斗	(1) 戴清洁、干燥的手套，防止正在使用时脏污和受潮。 (2) 工器具材料应放在干净的绝缘垫上
	3	上升工作斗	作业人员进入工作斗前，应检查工作斗是否超载。检查完毕后，斗内电工携带工器具进入工作斗，将工器具、材料分类放置在斗中和工具袋中，将安全带的钩子挂在斗内专用挂钩上。在做好上述准备工作后，由2号电工操作绝缘斗臂车平稳上升。工作斗上升时，2号电工要选择好绝缘斗的升起回转路径，避开可能影响斗臂车起升回转的障碍物	(1) 人员进入工作斗试空斗操作1次，确认液压传动、回转、升降、伸缩系统工作正常，操作灵活，制动装置可靠。 (2) 绝缘斗臂车作业前需可靠接地，接地体埋深0.6m以上。 (3) 绝缘斗臂车工作应注意避开附近高低压线及障碍物。 (4) 操作应平清、稳定，上升过程中，对可能触及范围内的高低压带电部件需进行绝缘遮蔽
	4	验电	工作斗升至作业点处，由1号电工对10kV验电器进行检测，在验电器检测正常后，用验电器从下方至斗上方依次对杆塔、横担进行验电。在验电过程中内2号电工负责监护，验电完成后，斗内2号电工向地面工作负责人报告验电结果。地面工作负责人指示斗内电工进行下一步作业	选取相应电压等级的验电器

序号	作业内容	作业步骤及标准	安全措施及注意事项
5	更换外边相跌落式熔断器	斗内2号电工操作绝缘斗臂车至相跌落式熔断器合适作业点,斗内1号电工用绝缘挡板先把中相与两边相跌落式熔断器隔离,用绝缘树脂毯对跌落式熔断器及横担进行遮蔽,1号电工检查跌落式熔断器上桩头是否在断开位置,斗内2号电工将作绝缘斗臂车靠近外边相跌落式熔断器上桩头外侧主导分支导线处,并将带消弧开关引线的另一端连接到外边相跌落式熔断器下桩头引流分支导线处,2号电工将带消弧开关引线的一端连接至合上消弧开关。1号电工用电流表测量,并确认合上消弧开关。1号电工拉开外边相跌落式熔断器并拆开合上绝缘挡板上桩头引线,将引线与跌落式熔断器分离,将其固定在绝缘挡板上,并将其旧跌落式熔断器及横担进行遮蔽,安装好新的跌落式熔断器,恢复跌落式熔断器上桩头引线,恢复跌落式熔断器上桩头引线,用电流表测量跌落式熔断器进行带电流测量。2号电工断开两端跌落式熔断器的引流线,并确认已处在分闸位置。并用绝缘树脂毯对外边相位置,恢复跌落式熔断器上的引线。2号电工拆除带消弧开关并拆除跌落式熔断器上的绝缘树脂毯	(1)跌落式熔断器下桩头如用电缆直接连接不适宜带负荷更换。 (2)引线搭接时,速度应该迅速准确;上下连接确认同相方可合上消弧开关。 (3)引线摆动不能过大,动作细小心。 (4)按照由近至远,从小到大,从高到低原则拆除遮蔽。 (5)用绝缘毯遮蔽时,要注意夹紧固定,两相邻绝缘毯应有15cm以上重叠。 (6)按照由近至远,从大到小,从低到高的原则进行遮蔽
6	更换中相跌落式熔断器	斗内2号电工操作绝缘斗臂车靠近中相跌落式熔断器处,用绝缘树脂毯对跌落式熔断器及横担进行遮蔽,1号电工检查消弧开关是否处在断开位置,并将带消弧开关的引流线一端连接到相跌落式熔断器上桩头侧主导支导线处,2号电工将带消弧开关引线另一端连接至中相跌落式熔断器并合上消弧开关。1号电工用电流表测量,并确认分流正常。1号电工拉开中相跌落式熔断器分离,将其固定在绝缘挡板上,将引线与跌落式熔断器分离,将其固定在绝缘挡板上。调整工作斗至外边相跌落式熔断器进行绝缘遮蔽,然后拆除跌落式熔断器下方,拆除带消弧开关的跌落式熔断器横担上的树脂毯和旧跌落式熔断器,再用电毯和旧跌落式熔断器,安装好新的跌落式熔断器,调整工作斗至跌落式熔断器,恢复跌落式熔断器上桩头引线,并合上中相跌落式熔断器的上桩头引线,并用电流表测量跌落式熔断器上桩头引线的分流,并确认分流正常。并用绝缘树脂毯对中相跌落式熔断器的下方,恢复中相跌落式熔断器引线,确认合上分闸。1号电工断开引线并拆除横担及跌落式熔断器,2号电工拆除带消弧开关的引流线两端的引流线并拆除横担及跌落式熔断器上的绝缘树脂毯	(1)跌落式熔断器下桩头如用电缆直接连接不适宜带负荷更换。 (2)引线搭接时,速度应该迅速准确;上下连接确认同相方可合上消弧开关。 (3)引线摆动不能过大,动作细小心。 (4)按照由近至远,从小到大,从高到低原则拆除遮蔽。 (5)用绝缘毯遮蔽时,要注意夹紧固定,两相邻绝缘毯应有15cm以上重叠。 (6)按照由近至远,从大到小,从低到高的原则进行遮蔽

147

序号	作业内容	作业步骤及标准	安全措施及注意事项
7	更换内边相跌落式熔断器	斗内2号电工操作绝缘斗臂车靠近内边相跌落式熔断器处，用绝缘树脂毯进行遮蔽，1号电工检查消弧开关是否处在断开位置，并将带消弧器的引流线一端连接到内边相跌落式熔断器上桩头侧主导线处，2号电工将带消弧器的引流线另一端连接至下桩头分支导线处，检查确已牢并合上消弧开关。1号电工用电流表测量，并确认分流正常。1号电工拉开外边相跌落式熔断器并将其上桩头引线与跌落式熔断器分离，将其与跌落式熔断器上桩头引线固定在绝缘挡板上，并将其进行绝缘遮蔽。调整斗内工作至外边相跌落式熔断器下方，拆除跌落式熔断器下桩头引线并将其进行绝缘遮蔽，然后拆除跌落式熔断器横担上的树脂毯和旧跌落式熔断器，用绝缘树脂毯对新装跌落式熔断器及横担进行绝缘遮蔽，安装好新的跌落式熔断器，恢复跌落式熔断器上桩头至斗跌落式熔断器上桩头引线，用绝缘树脂毯对内边相跌落式熔断器下桩头引线，再用电流表测量跌落式熔断器进行绝缘遮蔽，恢复跌落式熔断器上桩头引线，并合上跌落式熔断器的开关，确认分流正常。1号电工断开消弧开关的开关，并用绝缘树脂毯对跌落式熔断器合适作业点，斗内2号电工拆除带消弧器的引流线并拆除跌落式熔断器上的绝缘树脂毯。2号电工确认已处在分闸位置。斗内2号电工操作绝缘斗臂车至三相跌落式熔断器合适位置，斗内1号电工拆除两块绝缘挡板	（1）跌落式熔断器下桩头如用电缆直接连接不适宜带负荷更换。 （2）引线搭接时，速度应该迅速准确；上下连接确认同相方可合上消弧开关。 （3）引线摆动不能过大、动作须细小心。 （4）按照由近至远、从小到大、从高到低到原则拆除遮蔽。 （5）用绝缘毯遮蔽时，要注意支架紧固定，两相邻绝缘毯间应有15cm以上重叠。 （6）按照由近至远、从大到小、从低到高的原则进行遮蔽
8	竣工验收	跌落式熔断器更换完成后，斗内电工检查确认质量符合要求，杆塔上无遗留物，斗内2号电工报告地面工作负责人工作已经结束，经地面工作负责人同意返回地面	

2.3 作业终结

√	序号	作业终结内容要求项目	备注
	1	作业人员清理工作现场检查确无问题	
	2	检查工器具、回收材料是否齐全	
	3	工作负责人组织全体作业人员召开收工会	
	4	全体作业人员撤离工作现场，工作负责人向工作许可人汇报，履行工作终结手续	
	5	召开班后会，进行总结。整理资料并归档	

3 验收总结

序号	内　　容
1	验收评价	
2	存在问题及处理意见	

附录 13 10kV××线××号杆无负荷不停电断电缆终端引线标准作业卡（绝缘手套作业）

编写：_____ ____年__月__日

审批：_____ ____年__月__日

作业负责人：_____

作业日期：____年__月__日__时至____年__月__日__时

1 作业前准备

1.1 准备工作安排

√	序号	内 容	标 准	备 注
	1	现场勘察	工作负责人依据"配电作业现场勘察记录表"进行现场勘察，做好现场勘察记录	
	2	联系调度	联系调度，了解系统接线的运行方式，申请是否需要停用重合闸	
	3	组织现场作业人员学习标准作业卡	组织现场作业人员学习指导卡，掌握整个操作程序，理解工作任务、质量标准及操作中的危险点及控制措施	
	4	出工前"三交三查"	(1)"三交"主要内容：工作任务、安全措施、技术措施、岗位分工、现场其他注意事项。 (2)"三查"主要内容：人员健康、精神状况、劳保着装情况和安全工器具是否完好等	

1.2 人员要求

√	序号	内 容	备 注
	1	作业人员精神状态良好	
	2	具备必要的电气知识，并经《安规》考试合格	
	3	不停电作业人员必须经过不停电作业培训，经考试合格，并执证上岗	
	4	工作负责人必须进行现场勘察，熟悉现场情况	
	5	监护人应由有不停电作业实践经验的人员担任	
	6	被监护人在作业过程中监护人应专心监护，不得从事其他工作	
	7	作业中互相关心施工安全，及时纠正不安全的行为	
	8	进入作业现场，穿合格工作服、绝缘鞋，戴安全帽	
	9	熟悉工作内容、工作流程和技术要求，掌握安全措施，明确工作中的危险点及防范措施	
	10	作业人员应熟悉绝缘斗臂车的操作程序及绝缘工具的正确使用	

1.3 工器具

√	序号	名 称	型号/规格	单位	数量	备 注
	1	绝缘斗臂车	16.8m	辆	1	
	2	绝缘安全带		根	2	
	3	绝缘手套（含羊皮手套）	YS－101－31－03	双	2	

√	序号	名　　称	型号/规格	单位	数　量	备　　注
	4	绝缘绳		根	1	
	5	绝缘帽	YS-125-02-01	顶	4	
	6	绝缘披肩	YS-126-01-05	件	2	
	7	绝缘树脂毯	YS-241-01-04	块	10	
	8	绝缘毯夹	5型	个	12	
	9	电流表		只	1	
	10	验电器	10kV	支	1	
	11	绝缘检测仪	5000V	只	1	
	12	对讲机		部	2	
	13	绝缘锁杆	$\phi 30 \times 1200mm$	根	1	
	14	充气式绝缘手套检测仪		只	1	
	15	绝缘跳线管		根	6	
	16	导线遮蔽罩		根	4	
	17	引流线		根	1	
	18	消弧器	6600A	只	1	
	19	风速测试仪		台	1	
	20	湿度仪		台	1	
	21	安全围绳		m	100	
	22	道路警示牌		块	2	
	23	干燥清洁巾		块	2	
	24	工具包（含工具）		套	1	
	25	护目镜		付	2	
	26	防潮垫		块	1	

1.4　材料

√	序号	名　　称	型　　号	单位	数　量	备　　注
	1					

注　准备的材料根据现场情况具体决定。

1.5 危险点分析及安全控制措施

√	序号	危险点	安全控制措施	备注
	1	触电	（1）带电作业必须在良好的天气下进行，工作中如遇雷、雨、雾、风力大于五级等不利于带电作业的天气，工作负责人应立即停止现场作业。 （2）带电人员作业时应保持对带电体距离 0.4m 以上，对邻相带电体距离 0.6m 以上，绝缘操作杆有效长度 0.7m 及以上，绝缘绳有效长度 0.4m 以上，绝缘臂有效长度 1m 以上。若小于上述距离必须增加绝缘遮蔽措施。 （3）装设、拆除绝缘遮蔽时应戴绝缘手套，必要时使用绝缘杆，作业人员与绝缘遮蔽物发生短时接触的部位应采用组合绝缘遮蔽。一相作业完成后，应迅速对其恢复和保持绝缘遮蔽，然后再对另一相开展作业。 （4）用绝缘毯遮蔽时，要注意夹紧固定，两相邻绝缘毯间应有 15cm 以上重叠。 （5）工作中车体应良好接地，斗臂车金属臂仰起、回转运动中与带电体的安全距离不得小于 1m，若小于上述距离必须增加绝缘遮蔽措施	
	2	高空坠落	绝缘斗中的作业人员应使用安全带，戴好绝缘安全帽。安全带必须系在工作斗内专用挂钩上	
	3	高处坠物伤人	现场作业人员必须戴安全帽。绝缘液压臂及作业点的垂直下方严禁站人，高空作业防止掉东西，上下传递物件应用绝缘绳栓牢，严禁上下抛掷。作业范围四周应设围栏和警示标志，防止非作业人员进入作业区	
	4	线路短路接地	应采取防止引流线摆动的措施，当引线间距离不能满足要求时，需进行绝缘遮蔽	

1.6 作业分工

√	序号	分工项目	分组负责人（签名）	作业人员（签名）
	1	工作负责人（专职监护人）		
	2	工器具准备		
	3	斗内 1 号电工		
	4	斗内 2 号电工		
	5	地面电工		

1.7 定置图及围栏图

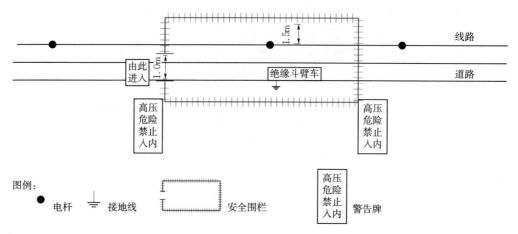

图例：
● 电杆 ⏚ 接地线 ⸬安全围栏⸬ 安全围栏 [高压危险禁止入内] 警告牌

10kV××线××号杆无负荷不停电断电缆终端引线现场作业布置图

2 作业阶段

2.1 开工

√	序号	开工内容项目	备 注
	1	进入现场人员均应戴好安全帽，做好个人防护措施	
	2	在居民和交通道口作业时，工作场所周围装设可靠遮栏，必要时加挂警示标牌	
	3	检查工器具、材料是否合格齐全	
	4	工作前和调度电话联系，告知调度作业地点和工作任务并得到调度确定，方可工作	
	5	现场安全措施布置完毕，工作负责人得到全部工作许可人许可后，工作许可人在工作票上签名或记录	
	6	召开开工会，工作负责人宣读工作票，交代危险点及安全措施。经危险点、安全措施告知提问无误后，作业人员在工作票上签名确认	
	7	工作负责人现场复勘，核对工作线路双重命名、杆号，检查环境是否符合作业要求，检查线路装置是否具备不停电作业条件，检查工作票所列安全措施，必要时在工作票上补充安全技术措施	

2.2 作业程序

√	序号	作业内容	作业步骤及标准	安全措施及注意事项
	1	现场作业准备	到达作业现场以后，按照不停电现场标准化作业流程要求做好检查作业人员身体状况、现场测量风速及空气湿度、与调度联系、召开站班会、检查核对线路、检查放置工器具、材料和布置场地等现场作业前各项准备工作	（1）根据现场勘察情况，需停用重合闸的，提前一周通知调度。 （2）分工明确、交代安全措施详细。 （3）检查线路和树木的距离。 （4）现场安全措施完备，在交通繁忙的区域应设置"不停电作业，车辆绕行"的警示牌

√	序号	作业内容	作业步骤及标准	安全措施及注意事项
	2	穿戴防护用具	斗内电工配戴好安全帽、绝缘安全带、穿戴好绝缘手套及外层防刺手套、绝缘披肩，戴上护目镜。工作负责人检查斗内电工绝缘防护用具穿戴情况。确认无误后，斗内电工方可进入工作斗	（1）戴清洁、干燥的手套，防止在使用时脏污和受潮。 （2）工器具材料应放在干净的绝缘垫上
	3	上升工作斗	作业人员进入工作斗前，应检查工作斗是否超载。检查完毕后，斗内电工携带工器具进入工作斗，将工器具、材料分类放置在斗中和工具袋中，将安全带的钩子挂在斗内专用挂钩上。在做好上述准备工作后，由2号电工操作工作斗平稳上升。工作斗上升时，2号电工要选择好绝缘斗的升起回转路径，避开可能影响斗臂车升起、回转的障碍物	（1）人员进入工作斗前应空斗试操作1次，确认液压传动、回转、升降、伸缩系统工作正常，操作灵活，制动装置可靠。 （2）绝缘斗臂车作业前需可靠接地，接地体埋深0.6m以上。 （3）绝缘斗臂车工作应注意避开附近高低压线及障碍物。 （4）操作斗应平滑、稳定，上升过程中，对可能触及范围内的高低压带电部件需进行绝缘遮蔽
	4	验电及测电流	工作斗升至作业点处，由1号电工对10kV验电器进行检测，在验电器检测正常后，用验电器从下方至上方依次对杆塔、横担进行验电。在验电过程中斗内2号电工负责监护。1号电工用电流表对电缆分支引线逐相测试电流，确认引线无电流。验电和测流完成后，斗内2号电工向地面工作负责人报告验电结果。地面工作负责人指示斗内电工进行下一步作业	选取相应电压等级及合格的验电器和电流表
	5	两边相导线绝缘遮蔽	2号电工操作绝缘斗臂车移至内边相导线适合作业点处。斗内1号电工对内边相导线安装导线遮蔽罩，套入的导线遮蔽罩开口朝下，拉到靠近绝缘子的边缘处，并用绝缘树脂毯进行外包。外边相同上	按照由近至远、从大到小、从低到高的原则进行遮蔽。两块绝缘树脂毯应有15cm以上的重叠，并用绝缘夹以防脱落
	6	三相电缆绝缘遮蔽	2号电工操作绝缘斗臂车移至内边相导线适合作业点处。斗内1号电工对外边相电缆进行绝缘遮蔽，遮蔽应严密牢固。继而用同样的方法对内边相电缆进行绝缘遮蔽，最后对中相电缆进行绝缘遮蔽	按照由近至远、从大到小、从低到高的原则进行遮蔽。两块绝缘树脂毯应有15cm以上的重叠，并用绝缘夹以防脱落

√	序号	作业内容	作业步骤及标准	安全措施及注意事项
	7	拆除内边相电缆终端引线	2号电工操作绝缘斗臂车移至内边相电缆适合作业点处。斗内1号电工拆除内边相电缆绝缘遮蔽，2号电工检查消弧器开关确在断开位置并将带消弧器的引流线一端连接到内边相导线上，1号电工将带消弧器的引流线另一端连接到内边相电缆头引线处，并且检查两端连接是否牢固。1号电工合上消弧器开关，使它处在闭合位置。1号电工拆开内边相引线与导线连接处的螺栓，将电缆引线与导线进行分离。1号电工拉开消弧器开关，拆除引流线和消弧器开关。并对裸露的部分重新进行绝缘遮蔽	拆引线时应迅速准确，小心仔细，引线不能摆动过大以免引起单相接地或相间短路，并将引线盘成小盘
		拆除外边相电缆终端引线	2号电工操作绝缘斗臂车移至外边相电缆适合作业点处。斗内1号电工拆除外边相电缆绝缘遮蔽，2号电工检查消弧器开关确在断开位置并将带消弧器的引流线一端连接到外边相导线上，1号电工将带消弧器的引流线另一端连接到外边相电缆头引线处，并且检查两端连接是否牢固。1号电工合上消弧器开关，使它处在闭合位置。1号电工拆开外边相引线与导线连接处的螺栓，将电缆引线与导线进行分离。1号电工拉开消弧器开关，拆除引流线和消弧器开关。并对裸露的部分重新进行绝缘遮蔽	拆引线时应迅速准确，小心仔细，引线不能摆动过大以免引起单相接地或相间短路，并将引线盘成小盘
		拆除中相电缆终端引线	2号电工操作绝缘斗臂车移至中相电缆适合作业点处。斗内1号电工拆除中相电缆绝缘遮蔽，2号电工检查消弧器开关确在断开位置并将带消弧器的引流线一端连接到中相导线上，1号电工将带消弧器的引流线另一端连接到中相电缆头引线处，并且检查两端连接是否牢固。1号电工合上消弧器开关，使它处在闭合位置。1号电工拆开中相引线与导线连接处的螺栓，将电缆引线与导线进行分离。1号电工拉开消弧器开关，拆除引流线和消弧器开关。并对裸露的部分重新进行绝缘遮蔽	拆引线时应迅速准确，小心仔细，引线不能摆动过大以免引起单相接地或相间短路，并将引线盘成小盘

√	序号	作业内容	作业步骤及标准	安全措施及注意事项
	7	拆除绝缘遮蔽	2号电工操作绝缘斗臂车移至外边相导线适合作业点处。斗内1号电工依次拆除外边相的绝缘遮蔽，继而斗内2号电工将斗臂车移至内边相导线适合作业点处，斗内1号电工依次拆除内边相导线绝缘遮蔽	按照由远至近、从小到大、从高到低的原则拆除遮蔽
	8	竣工验收	无负荷带电断电缆终端引线作业完成以后，斗内电工检查确认质量符合要求，杆塔上已无遗留物，斗内2号电工报告地面工作负责人工作已经结束，经地面工作负责人同意返回地面	

2.3 作业终结

√	序号	作业终结内容要求项目	备 注
	1	作业人员清理工作现场检查确无问题	
	2	检查工器具、回收材料是否齐全	
	3	工作负责人组织全体作业人员召开收工会	
	4	全体作业人员撤离工作现场，工作负责人向工作许可人汇报，履行工作终结手续	
	5	召开班后会，进行总结。整理资料并归档	

3 验收总结

序号		内 容
1	验收评价	
2	存在问题及处理意见	

附录 14　10kV××线××号杆无负荷不停电接电缆终端引线标准作业卡（绝缘手套作业）

编写：＿＿＿＿＿＿＿＿＿＿＿＿＿　　＿＿＿年＿＿月＿＿日

审批：＿＿＿＿＿＿＿＿＿＿＿＿＿　　＿＿＿年＿＿月＿＿日

作业负责人：＿＿＿＿＿＿＿＿＿

作业日期：＿＿＿年＿＿月＿＿日＿＿时至＿＿＿年＿＿月＿＿日＿＿时

1 作业前准备

1.1 准备工作安排

√	序号	内 容	标 准	备 注
	1	现场勘察	工作负责人依据"配电作业现场勘察记录表"进行现场勘察，做好现场勘察记录	
	2	联系调度	联系调度，了解系统接线的运行方式，申请是否需要停用重合闸	
	3	组织现场作业人员学习标准作业卡	组织现场作业人员学习指导卡，掌握整个操作程序，理解工作任务、质量标准及操作中的危险点及控制措施	
	4	出工前"三交三查"	(1)"三交"主要内容：工作任务、安全措施、技术措施、岗位分工、现场其他注意事项。 (2)"三查"主要内容：人员健康、精神状况、劳保着装情况和安全工器具是否完好等	

1.2 人员要求

√	序号	内 容	备 注
	1	作业人员精神状态良好	
	2	具备必要的电气知识，并经《安规》考试合格	
	3	不停电作业人员必须经过不停电作业培训，经考试合格，并执证上岗	
	4	工作负责人必须进行现场勘察，熟悉现场情况	
	5	监护人应由有不停电作业实践经验的人员担任	
	6	被监护人在作业过程中监护人应专心监护，不得从事其他工作	
	7	作业中互相关心施工安全，及时纠正不安全的行为	
	8	进入作业现场，穿合格工作服、绝缘鞋，戴安全帽	
	9	熟悉工作内容、工作流程和技术要求，掌握安全措施，明确工作中的危险点及防范措施	
	10	作业人员应熟悉绝缘斗臂车的操作程序及绝缘工具的正确使用	

1.3 工器具

√	序号	名 称	型号/规格	单位	数量	备 注
	1	绝缘斗臂车	16.8m	辆	1	
	2	绝缘安全带		根	2	
	3	绝缘手套（含羊皮手套）	YS-101-31-03	双	2	

√	序号	名　称	型号/规格	单位	数量	备　注
	4	绝缘绳		根	1	
	5	绝缘帽	YS－125－02－01	顶	4	
	6	绝缘披肩	YS－126－01－05	件	2	
	7	绝缘树脂毯	YS－241－01－04	块	10	
	8	绝缘毯夹	5型	个	12	
	9	电流表		只	1	
	10	验电器	10kV	支	1	
	11	绝缘检测仪	5000V	只	1	
	12	对讲机		部	2	
	13	绝缘锁杆	$\phi 30 \times 1200$mm	根	1	
	14	充气式绝缘手套检测仪		只	1	
	15	绝缘跳线管		根	6	
	16	导线遮蔽罩		根	4	
	17	引流线		根	1	
	18	消弧器	6600A	只	1	
	19	风速测试仪		台	1	
	20	湿度仪		台	1	
	21	安全围绳		m	100	
	22	道路警示牌		块	2	
	23	干燥清洁巾		块	2	
	24	工具包（含工具）		套	1	
	25	护目镜		付	2	
	26	防潮垫		块	1	

1.4　材料

√	序号	名　称	型　号	单位	数量	备　注
	1	异型线夹		只	6	

注　准备的材料根据现场情况具体决定。

1.5 危险点分析及安全控制措施

√	序号	危险点	安全控制措施	备 注
	1	触电	（1）不停电作业必须在良好的天气下进行，工作中如遇雷、雨、雾、风力大于五级等不利于不停电作业的天气，工作负责人应立即停止现场作业。 （2）不停电人员作业时应保持对带电体距离0.4m以上，对邻相带电体距离0.6m以上，绝缘操作杆有效长度0.7m及以上，绝缘绳有效长度0.4m以上，绝缘臂有效长度1m以上。若小于上述距离必须增加绝缘遮蔽措施。 （3）装设、拆除绝缘遮蔽时应戴绝缘手套，必要时使用绝缘杆，作业人员与绝缘遮蔽物发生短时接触的部位应采用组合绝缘遮蔽。一相作业完成后，应迅速对其恢复和保持绝缘遮蔽，然后再对另一相开展作业。 （4）用绝缘毯遮蔽时，要注意夹紧固定，两相邻绝缘毯间应有15cm以上重叠。 （5）工作中车体应良好接地，斗臂车金属臂仰起、回转运动中与带电体的安全距离不得小于1m，若小于上述距离必须增加绝缘遮蔽措施	
	2	高空坠落	绝缘斗中的作业人员应使用安全带，戴好绝缘安全帽。安全带必须系在工作斗内专用挂钩上	
	3	高处坠物伤人	现场作业人员必须戴安全帽。绝缘液压臂及作业点的垂直下方严禁站人，高空作业防止掉东西，上下传递物件应用绝缘绳拴牢，严禁上下抛掷。作业范围四周应设围栏和警示标志，防止非作业人员进入作业区	
	4	线路短路接地	应采取防止引流线摆动的措施，当引线间距离不能满足要求时，需进行绝缘遮蔽	

1.6 作业分工

√	序号	分工项目	分组负责人（签名）	作业人员（签名）
	1	工作负责人（专职监护人）		
	2	工器具准备		
	3	斗内1号电工		
	4	斗内2号电工		
	5	地面电工		

1.7 定置图及围栏图

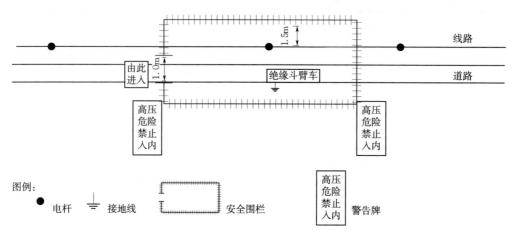

10kV××线××号杆无负荷不停电接电缆终端引线现场作业布置图

2 作业阶段

2.1 开工

√	序号	开工内容项目	备 注
	1	进入现场人员均应戴好安全帽，做好个人防护措施	
	2	在居民和交通道口作业时，工作场所周围装设可靠遮栏，必要时加挂警示标牌	
	3	检查工器具、材料是否合格齐全	
	4	工作前和调度电话联系，告知调度作业地点和工作任务并得到调度确定，方可工作	
	5	现场安全措施布置完毕，工作负责人得到全部工作许可人许可后，工作许可人在工作票上签名或记录	
	6	召开开工会，工作负责人宣读工作票，交代危险点及安全措施。经危险点、安全措施告知提问无误后，作业人员在工作票上签名确认	
	7	工作负责人现场复勘，核对工作线路双重命名、杆号，检查环境是否符合作业要求，检查线路装置是否具备不停电作业条件，检查工作票所列安全措施，必要时在工作票上补充安全技术措施	

2.2 作业程序

√	序号	作业内容	作业步骤及标准	安全措施及注意事项
	1	现场作业准备	到达作业现场以后，按照不停电现场标准化作业流程要求做好检查作业人员身体状况、现场测量风速及空气湿度、与调度联系、召开站班会、检查核对线路、检查放置工器具、材料和布置场地等现场作业前各项准备工作	（1）根据现场勘察情况，需停用重合闸的，提前一周通知调度。 （2）分工明确、交代安全措施详细。 （3）检查线路和树木的距离。 （4）现场安全措施完备，在交通繁忙的区域应设置"不停电作业，车辆绕行"的警示牌

√	序号	作业内容	作业步骤及标准	安全措施及注意事项
	2	穿戴防护用具	斗内电工配戴好安全帽、绝缘安全带、穿戴好绝缘手套及外层防刺手套、绝缘披肩，戴上护目镜。工作负责人检查斗内电工绝缘防护用具穿戴情况。确认无误后，斗内电工方可进入工作斗	（1）戴清洁、干燥的手套，防止在使用时脏污和受潮。 （2）工器具材料应放在干净的绝缘垫上
	3	上升工作斗	作业人员进入工作斗前，应检查工作斗是否超载。检查完毕后，斗内电工携带工器具进入工作斗，将工器具、材料分类放置在斗中和工具袋中，将安全带的钩子挂在斗内专用挂钩上。在做好上述准备工作后，由2号电工操作工作斗平稳上升。工作斗上升时，2号电工要选择好绝缘斗的升起回转路径，避开可能影响斗臂车升起、回转的障碍物	（1）人员进入工作斗前应空斗试操作1次，确认液压传动、回转、升降、伸缩系统工作正常，操作灵活，制动装置可靠。 （2）绝缘斗臂车作业前需可靠接地，接地体埋深0.6m以上。 （3）绝缘斗臂车工作应注意避开附近高低压线及障碍物。 （4）操作斗应平滑、稳定，上升过程中，对可能触及范围内的高低压带电部件需进行绝缘遮蔽
	4	验电	工作斗升至作业点处，由1号电工对10kV验电器进行检测，在验电器检测正常后，用验电器从下方至上方依次对杆塔、横担进行验电。在验电过程中斗内2号电工负责监护。验电完成后，斗内2号电工向地面工作负责人报告验电结果。地面工作负责人指示斗内电工进行下一步作业	选取相应电压等级及合格的验电器
	5	两边相导线绝缘遮蔽	2号电工操作绝缘斗臂车移至内边相导线适合作业点处。斗内1号电工对内边相导线安装导线遮蔽罩，套入的导线遮蔽罩开口朝下，拉到靠近绝缘子的边缘处，用绝缘树脂毯进行外包。外边相同上	按照由近至远、从大到小、从低到高的原则进行遮蔽。两块绝缘树脂毯应有15cm以上的重叠，并用绝缘夹以防脱落
	6	三相电缆绝缘遮蔽	2号电工操作绝缘斗臂车移至三相电缆适合作业点处。斗内1号电工对外边相电缆头和引线进行绝缘遮蔽，遮蔽应严密牢固。继而用同样的方法对内边相电缆头和引线进行绝缘遮蔽，最后对中相电缆头和引线进行绝缘遮蔽	按照由近至远、从大到小、从低到高的原则进行遮蔽。两块绝缘树脂毯应有15cm以上的重叠，并用绝缘夹以防脱落

√	序号	作业内容	作业步骤及标准	安全措施及注意事项
	7	中相终端电缆连接及遮蔽	2号电工操作绝缘斗臂车移至中相导线适合作业点处。斗内1号电工检查消弧器开关确在断开位置并将消弧器的一端连接到中相导线上，2号电工将消弧器的另一端连接到中相电缆头引线处，并且检查两端连接是否牢固。1号电工合上消弧器开关，使它处在闭合位置。1号电工将中相电缆引线与中相导线用线夹进行连接牢固。1号电工拉开消弧器开关，拆除引流线和消弧器开关，并将中相电缆引线进行绝缘遮蔽	接引线时应迅速准确，小心仔细，引线不能摆动过大以免引起单相接地或相间短路。引线连接螺栓应牢固。绝缘遮蔽应严密牢固
	8	外边相终端电缆连接及遮蔽	2号电工操作绝缘斗臂车移至外边相导线适合作业点处。斗内1号电工检查消弧器开关确在断开位置并将消弧器的一端连接到外边相导线上，2号电工将消弧器的另一端连接到外边相电缆头引线处，并且检查两端连接是否牢固。1号电工合上消弧器开关，使它处在闭合位置。1号电工将外边相电缆引线与外边相导线用线夹进行连接牢固。1号电工拉开消弧器开关，拆除引流线和消弧器开关，并将外边相电缆进行绝缘遮蔽	接引线时应迅速准确，小心仔细，引线不能摆动过大以免引起单相接地或相间短路。引线连接螺栓应牢固。绝缘遮蔽应严密牢固
	9	内边相终端电缆连接及遮蔽	2号电工操作绝缘斗臂车移至内边相导线适合作业点处。斗内1号电工检查消弧器开关确在断开位置并将消弧器的一端连接到内边相导线上，2号电工将消弧器的另一端连接到内边相电缆头引线处，并且检查两端连接是否牢固。1号电工合上消弧器开关，使它处在闭合位置。1号电工将内边相电缆引线与内边相导线用线夹进行连接牢固。1号电工拉开消弧器开关，拆除引流线和消弧器开关，并将内边相电缆进行绝缘遮蔽	接引线时应迅速准确，小心仔细，引线不能摆动过大以免引起单相接地或相间短路。引线连接螺栓应牢固。绝缘遮蔽应严密牢固
	10	拆除三相电缆绝缘遮蔽	2号电工操作绝缘斗臂车移至中相电缆适合作业点处。斗内1号电工依次拆除中相电缆的绝缘遮蔽，继而拆除外边相导线和电缆的绝缘遮蔽，最后拆除内边相导线和电缆绝缘遮蔽	按照由远至近、从小到大、从高到低的原则拆除遮蔽

√	序号	作业内容	作业步骤及标准	安全措施及注意事项
	11	竣工验收	无负荷带电接电缆终端引线作业完成以后，斗内电工检查确认质量符合要求，杆塔上已无遗留物，斗内2号电工报告地面工作负责人工作已经结束，经地面工作负责人同意返回地面	

2.3 作业终结

√	序号	作业终结内容要求项目	备 注
	1	作业人员清理工作现场检查确无问题	
	2	检查工器具、回收材料是否齐全	
	3	工作负责人组织全体作业人员召开收工会	
	4	全体作业人员撤离工作现场，工作负责人向工作许可人汇报，履行工作终结手续	
	5	召开班后会，进行总结。整理资料并归档	

3 验收总结

序号		内 容
1	验收评价	
2	存在问题及处理意见	

附录 15　10kV××线××杆—××杆之间
不停电立杆标准作业卡（绝缘手套作业）

编写：_____　____年__月__日

审批：_____　____年__月__日

作业负责人：_____

作业日期：____年__月__日__时至____年__月__日__时

1 作业前准备

1.1 准备工作安排

√	序号	内　容	标　准	备　注
	1	现场勘察	工作负责人依据"配电作业现场勘察记录表"进行现场勘察，做好现场勘察记录	
	2	联系调度	联系调度，了解系统接线的运行方式，申请是否需要停用重合闸	
	3	组织现场作业人员学习标准作业卡	组织现场作业人员学习指导卡，掌握整个操作程序，理解工作任务、质量标准及操作中的危险点及控制措施	
	4	出工前"三交三查"	（1）"三交"主要内容：工作任务、安全措施、技术措施、岗位分工、现场其他注意事项。 （2）"三查"主要内容：人员健康、精神状况、劳保着装情况和安全工器具是否完好等	
	5	杆洞检查	（1）杆塔基础坑深度的允许偏差为−50mm～＋100mm，有底盘时，应加上底盘厚度。 （2）直线杆横向线路方向移位不应超过50mm；转角杆、分支杆的横线路、顺线路方向的位移均不超过50mm。 （3）双杆基坑根开的中心偏差，不应超过±30mm	
	6	水泥杆检查	（1）非预应力杆无纵向裂缝，横向裂缝的宽度不应超过0.2mm，长度不应超过1/3周长。 （2）预应力杆表面光洁平整，壁厚均匀，无露筋、跑浆、纵横向裂纹等现象	

1.2 人员要求

√	序号	内　容	备　注
	1	作业人员精神状态良好	
	2	具备必要的电气知识，并经《安规》考试合格	
	3	不停电作业人员必须经过不停电作业培训，经考试合格，并执证上岗	
	4	工作负责人必须进行现场勘察，熟悉现场情况	
	5	监护人应由有不停电作业实践经验的人员担任	
	6	被监护人在作业过程中监护人应专心监护，不得从事其他工作	
	7	作业中互相关心施工安全，及时纠正不安全的行为	
	8	进入作业现场，穿合格工作服、绝缘鞋，戴安全帽	
	9	熟悉工作内容、工作流程和技术要求，掌握安全措施，明确工作中的危险点及防范措施	
	10	作业人员应熟悉绝缘斗臂车的操作程序及绝缘工具的正确使用	

1.3 工器具

√	序号	名 称	型号/规格	单位	数量	备 注
	1	绝缘斗臂车	16.8m	辆	1	
	2	吊车	12T	辆	1	
	3	绝缘安全带		根	2	
	4	绝缘手套（含羊皮手套）	YS－101－31－03	双	2	
	5	绝缘传递绳		根	2	
	6	绝缘帽	YS－125－02－01	只	6	
	7	绝缘披肩	YS－126－01－05	件	2	
	8	绝缘高压护套管	PE－3m	根	12	
	9	绝缘树脂毯	YS－241－01－04	块	15	
	10	绝缘毯夹	5型	个	30	
	11	绝缘橡胶毯	TG－105	块	2	
	12	绝缘撑杆		根	1	
	13	绝缘靴		双	2	
	14	电杆绝缘罩		根	3	
	15	绝缘手套（含羊皮手套）		双	2	
	16	固定吊点钢丝绳		根	1	
	17	绝缘检测仪	5000V	只	1	
	18	对讲机		部	2	
	19	防潮垫		块	2	
	20	充气式绝缘手套检测仪		只	1	
	21	风速测试仪		台	1	
	22	湿度仪		台	1	
	23	安全围绳		m	100	
	24	道路警示牌		块	2	
	25	干燥清洁巾		块	2	
	26	工具包（含工具）		套	1	
	27	验电器	10kV	组	1	

1.4 材料

√	序号	名 称	型 号	单位	数量	备 注
	1	水泥杆		根	1	
	2	角铁横担	∟7×7×1500	块	2	
	3	穿心螺栓		付	1	
	4	棒型针式绝缘子	PSN－105/5ZS	只	6	

注 准备的材料根据现场情况具体决定。

1.5 危险点分析及安全控制措施

√	序号	危险点	安全控制措施	备 注
	1	触电	（1）不停电作业必须在良好的天气下进行，工作中如遇雷、雨、雾、风力大于五级等不利于带电作业的天气，工作负责人应立即停止现场作业。 （2）不停电人员作业时应保持对带电体距离 0.4m 以上，对邻相带电体距离 0.6m 以上，绝缘操作杆有效长度 0.7m 及以上，绝缘绳有效长度 0.4m 以上，绝缘臂有效长度 1m 以上。若小于上述距离必须增加绝缘遮蔽措施。 （3）装设、拆除绝缘遮蔽时应戴绝缘手套，必要时使用绝缘杆，作业人员与绝缘遮蔽物发生短时接触的部位应采用组合绝缘遮蔽。一相作业完成后，应迅速对其恢复和保持绝缘遮蔽，然后再对另一相开展作业。 （4）用绝缘毯遮蔽时，要注意夹紧固定，两相邻绝缘毯间应有 15cm 以上重叠。 （5）工作中车体应良好接地，斗臂车金属臂仰起、回转运动中与带电体的安全距离不得小于 1m，若小于上述距离必须增加绝缘遮蔽措施	
	2	高空坠落	绝缘斗中的作业人员应使用安全带，戴好绝缘安全帽。安全带必须系在工作斗内专用挂钩上	
	3	高处坠物伤人	现场作业人员必须戴安全帽。绝缘液压臂及作业点的垂直下方严禁站人，高空作业防止掉东西，上下传递物件应用绝缘绳拴牢，严禁上下抛掷。作业范围四周应设围栏和警示标志，防止非作业人员进入作业区	
	4	线路短路接地	应采取防止引流线摆动的措施，当引线间距离不能满足要求时，需进行绝缘遮蔽	
	5	倒杆	（1）应设有专人统一指挥，统一哨音和旗语，明确分工，并讲明施工方法，技工岗位的不得用民工代替。 （2）要使用合格的起重工器具，严禁超载使用。 （3）起吊钢丝绳应绑在电杆适当的位置，防止电杆突然倾倒。 （4）已经立起的电杆，只有在杆基回土夯实牢固后，方可去除吊钩。 （5）施工现场除必要的工作人员外，其他人员应远离杆高 1.2 倍以外，吊件垂直下方、受力钢丝绳的内角侧严禁有人。 （6）吊车支脚固定牢固，起吊时支脚不应浮起	

1.6 作业分工

√	序号	分工项目	分组负责人（签名）	作业人员（签名）
	1	工作负责人（专职监护人）		
	2	工器具准备		
	3	斗内 1 号电工		
	4	斗内 2 号电工		
	5	地面电工		

1.7 定置图及围栏图

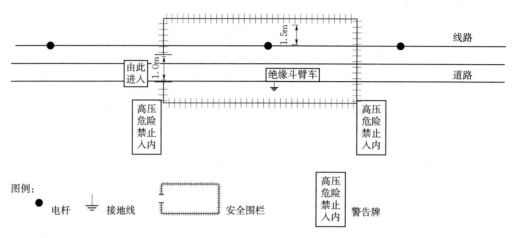

10kV××线××杆—××杆之间不停电立杆现场作业布置图

2 作业阶段

2.1 开工

√	序号	开工内容项目	备注
	1	进入现场人员均应戴好安全帽，做好个人防护措施	
	2	在居民和交通道口作业时，工作场所周围装设可靠遮栏，必要时加挂警示标牌	
	3	检查工器具、材料是否合格齐全	
	4	工作前和调度电话联系，告知调度作业地点和工作任务并得到调度确定，方可工作	
	5	现场安全措施布置完毕，工作负责人得到全部工作许可人许可后，工作许可人在工作票上签名或记录	
	6	召开开工会，工作负责人宣读工作票，交代危险点及安全措施。经危险点、安全措施告知提问无误后，作业人员在工作票上签名确认	
	7	工作负责人现场复勘，核对工作线路双重命名、杆号，检查环境是否符合作业要求，检查线路装置是否具备不停电作业条件，检查工作票所列安全措施，必要时在工作票上补充安全技术措施	

2.2 作业程序

√	序号	作业内容	作业步骤及标准	安全措施及注意事项
	1	现场作业准备	到达作业现场以后，按照不停电现场标准化作业流程要求做好检查作业人员身体状况、现场测量风速及空气湿度、与调度联系、召开站班会、检查核对线路、检查放置工器具、材料和布置场地等现场作业前各项准备工作	（1）根据现场勘察情况，需停用重合闸的，提前一周通知调度。 （2）分工明确、交代安全措施详细。 （3）检查线路和树木的距离。 （4）现场安全措施完备，在交通繁忙的区域应设置"不停电作业，车辆绕行"的警示牌

✓	序号	作业内容	作业步骤及标准	安全措施及注意事项
	2	穿戴防护用具	斗内电工配戴好安全帽、绝缘安全带、穿戴好绝缘手套及外层防刺手套、绝缘披肩，戴上护目镜。工作负责人检查斗内电工绝缘防护用具穿戴情况。确认无误后，斗内电工方可进入工作斗	（1）戴清洁、干燥的手套，防止在使用时脏污和受潮。 （2）工器具材料应放在干净的绝缘垫上
	3	吊车就位，上升工作斗	吊车停放在适合作业的最佳位置，作业人员进入工作斗前，应检查工作斗是否超载。检查完毕后，斗内电工携带工器具进入工作斗，将工器具、材料分类放置在斗中和工具袋中，将安全带的钩子挂在斗内专用挂钩上。在做好上述准备工作后，由2号电工操作工作斗平稳上升。工作斗上升时，2号电工要选择好绝缘斗的升起回转路径，避开可能影响斗臂车升起、回转的障碍物	（1）吊车、绝缘斗臂车应空斗试操作1次，确认液压传动、回转、升降、伸缩系统工作正常，操作灵活，制动装置可靠。 （2）吊车、绝缘斗臂车作业前需可靠接地，接地体埋深0.6m以上。 （3）吊车、绝缘斗臂车工作应注意避开附近高低压线及障碍物。 （4）吊车、绝缘斗臂车的操作应平滑、稳定，上升过程中，对可能触及范围内的高低压带电部件需进行绝缘遮蔽
	4	验电	工作斗升至作业点处，由1号电工对10kV验电器进行检测，在验电器检测正常后，用验电器从下方至上方依次对杆塔、横担进行验电。在验电过程中斗内2号电工负责监护。验电完成后，斗内2号电工向地面工作负责人报告验电结果。地面工作负责人指示斗内电工进行下一步作业	选取相应电压等级的验电器
	5	对作业区进行绝缘遮蔽	2号电工操作绝缘斗臂车移至内边相导线合适作业点，1号电工用绝缘高压防护套管和绝缘树脂毯对内边相导线进行绝缘遮蔽。依此方法分别对外边相导线和中相导线进行绝缘遮蔽。2号电工将工作斗移至外边相导线适合作业点处，1号电工、2号电工配合用绝缘撑杆将两边相导线撑开	遮蔽时，要注意夹紧固定，两相邻绝缘遮蔽应有15cm以上重叠

√	序号	作业内容	作业步骤及标准	安全措施及注意事项
	6	起吊前的准备	2号电工将工作斗移至中相导线合适作业点，1号电工用绝缘小吊吊高已绝缘遮蔽的中相导线。地面电工在电杆上安装好横担、瓷瓶，将起吊电杆、杆顶、铁件和瓷瓶进行绝缘遮蔽，并把水泥杆接地，在电杆上绑好调整绝缘绳	(1) 撑开的两边相导线距离要达到2.5m，并确认牢固。 (2) 起吊的电杆由上自下的遮蔽要大于5m以上。 (3) 电杆需可靠接地，接地体埋深0.6m以上。 (4) 在电杆顶绑好的调整绝缘绳要大于杆高的1.5倍以上。 (5) 确定电杆起吊的指挥负责人和监护人
	7	立杆	工作负责人检查各部位遮蔽情况，通知吊车开始起吊；司机操作吊臂起吊电杆，使电杆完全离地；工作负责人检查各受力部位，无异常情况后方可正式起吊。两名地面电工穿戴好绝缘防护用具，扶持电杆根部，对准电杆坑，缓缓放下电杆。另外一名地面电工拉好调整牵引绳，以保电杆不会任意晃动。杆子进洞正直后，填实杆坑。吊车司机操作吊臂放松挂钩、钢丝绳套；拆除挂钩、钢丝绳套；收回吊臂、支脚	(1) 工作斗电工拉开的顶相导线需距起吊中心1.5m以上。 (2) 吊车起吊时距未遮蔽导线保持1m以上安全距离。 (3) 地面电工扶住杆根时需穿绝缘靴、戴绝缘手套。 (4) 调整牵引绳要带紧，防止电杆直接接触导线。 (5) 回填土必须要夯实，吊车方可松开钢丝套，脱离作业区。 (6) 回填土每升高500mm，夯实1次，回填土高出地面300mm。 (7) 电杆根部中心与线路中心线的横向位移不大于50mm。 (8) 直线杆的倾斜不应大于稍径的1/2；转角、耐张杆应向外角预偏不大于1个稍径
	8	导线复位固定	2号电工将中相导线缓慢松下，2号电工将工作斗移至新立电杆中相合适作业点处。1号电工把顶头抱箍、瓷瓶和中相导线的绝缘遮蔽解开，将中相导线复位到柱式瓷瓶上并用扎线固定，恢复对导线和柱式瓷瓶的绝缘遮蔽。2号电工将工作斗移至外边相合适作业点。1号、2号电工配合拆除撑开两边相导线的绝缘撑杆。按照上述方法，分别将两边相导线逐一复位到柱式瓷瓶上并固定	(1) 固定导线匝线时动作幅度要小。 (2) 拆除绝缘撑杆时要将撑开的两边相导线受力慢慢收回，防止导线晃动

√	序号	作业内容	作业步骤及标准	安全措施及注意事项
	9	拆除遮蔽	导线复位作业完成后，拆除三相导线、柱式瓷瓶和铁件及电杆上的绝缘遮蔽用具	按照由远至近、从小到大、从高到低原则拆除遮蔽
	10	竣工验收	带电立杆作业完成以后，斗内电工检查确认符合质量要求，杆塔上无遗留物，斗内 2 号电工报告地面工作负责人工作已经结束，经地面工作负责人同意返回地面	

2.3 作业终结

√	序号	作业终结内容要求项目	备　　注
	1	作业人员清理工作现场检查确无问题	
	2	检查工器具、回收材料是否齐全	
	3	工作负责人组织全体作业人员召开收工会	
	4	全体作业人员撤离工作现场，工作负责人向工作许可人汇报，履行工作终结手续	
	5	召开班后会，进行总结。整理资料并归档	

3 验收总结

序号	内　　容	
1	验收评价	
2	存在问题及处理意见	

附录 16　10kV××线××杆—××杆之间
不停电拔杆标准作业卡（绝缘手套作业）

编写：＿＿＿＿＿＿＿＿＿＿＿＿　＿＿＿年＿月＿日

审批：＿＿＿＿＿＿＿＿＿＿＿＿　＿＿＿年＿月＿日

作业负责人：＿＿＿＿＿＿＿＿＿

作业日期：＿＿＿年＿月＿日＿时至＿＿＿年＿月＿日＿时

1 作业前准备

1.1 准备工作安排

√	序号	内　容	标　准	备　注
	1	现场勘察	工作负责人依据"配电作业现场勘察记录表"进行现场勘察，做好现场勘察记录	
	2	联系调度	联系调度，了解系统接线的运行方式，申请是否需要停用重合闸	
	3	组织现场作业人员学习标准作业卡	组织现场作业人员学习指导卡，掌握整个操作程序，理解工作任务、质量标准及操作中的危险点及控制措施	
	4	出工前"三交三查"	（1）"三交"主要内容：工作任务、安全措施、技术措施、岗位分工、现场其他注意事项。 （2）"三查"主要内容：人员健康、精神状况、劳保着装情况和安全工器具是否完好等	

1.2 人员要求

√	序号	内　容	备　注
	1	作业人员精神状态良好	
	2	具备必要的电气知识，并经《安规》考试合格	
	3	不停电作业人员必须经过不停电作业培训，经考试合格，并执证上岗	
	4	工作负责人必须进行现场勘察，熟悉现场情况	
	5	监护人应由有不停电作业实践经验的人员担任	
	6	被监护人在作业过程中监护人应专心监护，不得从事其他工作	
	7	作业中互相关心施工安全，及时纠正不安全的行为	
	8	进入作业现场，穿合格工作服、绝缘鞋，戴安全帽	
	9	熟悉工作内容、工作流程和技术要求，掌握安全措施，明确工作中的危险点及防范措施	
	10	作业人员应熟悉绝缘斗臂车的操作程序及绝缘工具的正确使用	

1.3 工器具

√	序号	名　称	型号/规格	单位	数量	备　注
	1	绝缘斗臂车	16.8m	辆	1	
	2	吊车	12T	辆	1	
	3	绝缘安全带		根	2	
	4	绝缘手套（含羊皮手套）	YS-101-31-03	双	2	

√	序号	名　称	型号/规格	单位	数量	备　注
	5	绝缘传递绳		根	2	
	6	绝缘帽	YS－125－02－01	只	6	
	7	绝缘披肩	YS－126－01－05	件	2	
	8	绝缘高压护套管	PE－3m	根	12	
	9	绝缘树脂毯	YS－241－01－04	块	15	
	10	绝缘毯夹	5型	个	30	
	11	绝缘橡胶毯	TG－105	块	2	
	12	绝缘撑杆		根	1	
	13	绝缘靴		双	2	
	14	电杆绝缘罩		根	3	
	15	绝缘手套（含羊皮手套）		双	2	
	16	固定吊点钢丝绳		根	1	
	17	绝缘检测仪	5000V	只	1	
	18	对讲机		部	2	
	19	防潮垫		块	2	
	20	充气式绝缘手套检测仪		只	1	
	21	风速测试仪		台	1	
	22	湿度仪		台	1	
	23	安全围绳		m	100	
	24	道路警示牌		块	2	
	25	干燥清洁巾		块	2	
	26	工具包（含工具）		套	1	
	27	验电器	10kV	组	1	

1.4　材料

√	序号	名　称	型　号	单位	数量	备　注
	1					

注　准备的材料根据现场情况具体决定。

1.5　危险点分析及安全控制措施

√	序号	危险点	安全控制措施	备　注
	1	触电	（1）不停电作业必须在良好的天气下进行，工作中如遇雷、雨、雾、风力大于五级等不利于不停电作业的天气，工作负责人应立即停止现场作业。 （2）不停电人员作业时应保持对带电体距离0.4m以上，对邻相带电体距离0.6m以上，绝缘操作杆有效长度0.7m及以上，绝缘绳有效长度0.4m以上，绝缘臂有效长度1m以上。若小于上述距离必须增加绝缘遮蔽措施。 （3）装设、拆除绝缘遮蔽时应戴绝缘手套，必要时使用绝缘杆，作业人员与绝缘遮蔽物发生短时接触的部位应采用组合绝缘遮蔽。一相作业完成后，应迅速对其恢复和保持绝缘遮蔽，然后再对另一相开展作业。 （4）用绝缘毯遮蔽时，要注意夹紧固定，两相邻绝缘毯间应有15cm以上重叠。 （5）工作中车体应良好接地，斗臂车金属臂仰起、回转运动中与带电体的安全距离不得小于1m，若小于上述距离必须增加绝缘遮蔽措施	
	2	高空坠落	绝缘斗中的作业人员应使用安全带，戴好绝缘安全帽。安全带必须系在工作斗内专用挂钩上	
	3	高处坠物伤人	现场作业人员必须戴安全帽。绝缘液压臂及作业点的垂直下方严禁站人，高空作业防止掉东西，上下传递物件应用绝缘绳拴牢，严禁上下抛掷。作业范围四周应设围栏和警示标志，防止非作业人员进入作业区	
	4	线路短路接地	应采取防止引流线摆动的措施，当引线间距离不能满足要求时，需进行绝缘遮蔽	
	5	倒杆	（1）应设有专人统一指挥，统一哨音和旗语，明确分工，并讲明施工方法，技工岗位的不得用民工代替。 （2）要使用合格的起重工器具，严禁超载使用。 （3）起吊钢丝绳应绑在电杆适当的位置，防止电杆突然倾倒。 （4）已经立起的电杆，只有在杆基回土夯实牢固后，方可去除吊钩。 （5）施工现场除必要的工作人员外，其他人员应远离杆高1.2倍以外，吊件垂直下方、受力钢丝绳的内角侧严禁有人。 （6）吊车支脚固定牢固，起吊时支脚不应浮起	

1.6　作业分工

√	序号	分工项目	分组负责人（签名）	作业人员（签名）
	1	工作负责人（专职监护人）		
	2	工器具准备		
	3	斗内1号电工		
	4	斗内2号电工		
	5	地面电工		

1.7 定置图及围栏图

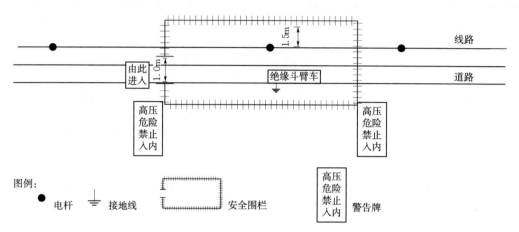

图例：

● 电杆　　⊥ 接地线　　▢▢▢ 安全围栏　　高压危险禁止入内 警告牌

10kV××线××杆—××杆之间不停电拔杆现场作业布置图

2 作业阶段

2.1 开工

√	序号	开工内容项目	备 注
	1	进入现场人员均应戴好安全帽，做好个人防护措施	
	2	在居民和交通道口作业时，工作场所周围装设可靠遮栏，必要时加挂警示标牌	
	3	检查工器具、材料是否合格齐全	
	4	工作前和调度电话联系，告知调度作业地点和工作任务并得到调度确定，方可工作	
	5	现场安全措施布置完毕，工作负责人得到全部工作许可人许可后，工作许可人在工作票上签名或记录	
	6	召开开工会，工作负责人宣读工作票，交代危险点及安全措施。经危险点、安全措施告知提问无误后，作业人员在工作票上签名确认	
	7	工作负责人现场复勘，核对工作线路双重命名、杆号，检查环境是否符合作业要求，检查线路装置是否具备带电作业条件，检查工作票所列安全措施，必要时在工作票上补充安全技术措施	

2.2 作业程序

√	序号	作业内容	作业步骤及标准	安全措施及注意事项
	1	现场作业准备	到达作业现场以后，按照不停电现场标准化作业流程要求做好检查作业人员身体状况、现场测量风速及空气湿度、与调度联系、召开站班会、检查核对线路、检查放置工器具、材料和布置场地等现场作业前各项准备工作	（1）根据现场勘察情况，需停用重合闸的，提前一周通知调度。 （2）分工明确、交代安全措施详细。 （3）检查线路和树木的距离。 （4）现场安全措施完备，在交通繁忙的区域应设置"不停电作业，车辆绕行"的警示牌

✓	序号	作业内容	作业步骤及标准	安全措施及注意事项
	2	穿戴防护用具	斗内电工配戴好安全帽、绝缘安全带、穿戴好绝缘手套及外层防刺手套、绝缘披肩，戴上护目镜。工作负责人检查斗内电工绝缘防护用具穿戴情况。确认无误后，斗内电工方可进入工作斗	（1）戴清洁、干燥的手套，防止在使用时脏污和受潮。 （2）工器具材料应放在干净的绝缘垫上
	3	吊车就位，上升工作斗	吊车停放在适合作业的最佳位置。作业人员进入工作斗前，应检查工作斗是否超载。检查完毕后，斗内电工携带工器具进入工作斗，将工器具、材料分类放置在斗中和工具袋中，将安全带的钩子挂在斗内专用挂钩上。在做好上述准备工作后，由2号电工操作工作斗平稳上升。工作斗上升时，2号电工要选择好绝缘斗的升起回转路径，避开可能影响斗臂车升起、回转的障碍物	（1）吊车、绝缘斗臂车应空斗试操作1次，确认液压传动、回转、升降、伸缩系统工作正常，操作灵活，制动装置可靠。 （2）吊车、绝缘斗臂车作业前需可靠接地，接地体埋深0.6m以上。 （3）吊车、绝缘斗臂车工作应注意避开附近高低压线及障碍物。 （4）吊车、绝缘斗臂车的操作应平滑、稳定，上升过程中，对可能触及范围内的高低压带电部件需进行绝缘遮蔽
	4	验电	工作斗升至作业点处，由1号电工对10kV验电器进行检测，在验电器检测正常后，用验电器从下方至上方依次对杆塔、横担进行验电。在验电过程中斗内2号电工负责监护。验电完成后，斗内2号电工向地面工作负责人报告验电结果。地面工作负责人指示斗内电工进行下一步作业	选取相应电压等级的验电器
	5	对作业区进行绝缘遮蔽	2号电工操作绝缘斗臂车移至内边相导线合适作业点，1号电工用绝缘高压防护套管和绝缘树脂毯对内边相导线进行绝缘遮蔽。依此方法分别对外边相导线和中相导线进行绝缘遮蔽。2号电工操作绝缘斗臂车移至电杆处，分别对电杆、横担和瓷瓶进行绝缘遮蔽	（1）工作斗不得直接靠近未遮蔽导线。 （2）绝缘遮蔽应遵循由下至上，由近至远的原则。必要时还必须对距离不足的铁件遮蔽。 （3）遮蔽完成后需检查，确认安全方可作业。 （4）电杆绝缘罩应牢固。 （5）用绝缘毯遮蔽时，要注意夹紧固定，两相邻绝缘毯间应有15cm以上重叠。 （6）拔杆作业区的遮蔽范围需在9m以上

√	序号	作业内容	作业步骤及标准	安全措施及注意事项
	6	起吊电杆	2号电工将工作斗移至外边相绝缘子适合作业点处，1号电工取下边相绝缘子遮蔽罩，拆除绑扎线并恢复绝缘遮蔽；依此方法分别对内相绝缘子绑扎线进行拆除；2号电工操作绝缘斗臂车至导线合适作业点处，1号、2号电工配合用绝缘撑杆撑开遮蔽的两边相线；2号电工将工作斗移至中相导线适合作业点处，1号电工取下中相绝缘子遮蔽罩，拆除绑扎线并恢复绝缘遮蔽，利用斗臂车绝缘小吊将中相导线吊高；工作负责人检查各部位遮蔽情况，通知吊车开始起吊；电杆起吊时检查各受力点的情况，确无异常方可起吊，地面电工拉好调整牵引绳，另两名在杆洞边扶住杆根准备。电杆离洞放下后，应平稳的放置在地面	（1）吊车起吊时距未遮蔽导线保持1m以上安全距离。 （2）地面电工扶住杆根时需穿绝缘靴、戴绝缘手套。 （3）调整牵引绳要带紧，防止电杆直接接触导线。 （4）吊机起吊时驾驶员应听从起吊的指挥负责人的指挥，起吊速度均匀。吊点选择正确，吊点合力作用点应为电杆重心高度的1.1～1.5倍。 （5）尽量减少上方覆土，注意电杆动向。 （6）对设有卡盘、石块或混凝土等，发现后应先排除。 （7）拆除绑扎线时要注意边折边卷，幅度不能过大
	7	拆除绝缘遮蔽	2号电工将斗臂车绝缘小吊上中相导线缓慢放松，拆除中相导线绝缘小吊；2号电工将工作斗移至外边相导线合适作业点。1号2号电工配合拆除撑开两边相导线的绝缘撑杆。2号电工操作绝缘斗臂车至适合作业点处。依次拆除三相导线上的绝缘遮蔽，拆除顺序为先导线外边相，再导线中相，最后导线内边相	拆除遮蔽应遵循由上至下、由远至近的原则
	8	竣工验收	带电拔杆作业完成以后，斗内电工检查确认符合质量要求，杆塔上无遗留物，斗内2号电工报告地面工作负责人工作已经结束，经地面工作负责人同意返回地面	

2.3 作业终结

√	序号	作业终结内容要求项目	备 注
	1	作业人员清理工作现场检查确无问题	
	2	检查工器具、回收材料是否齐全	
	3	工作负责人组织全体作业人员召开收工会	
	4	全体作业人员撤离工作现场，工作负责人向工作许可人汇报，履行工作终结手续	
	5	召开班后会，进行总结。整理资料并归档	

3 验收总结

序号		内　容
1	验收评价	
2	存在问题及处理意见	

附录 17　10kV××线××号杆带负荷不停电更换开关标准作业卡（绝缘手套作业）

编写：＿＿＿＿＿＿＿＿＿＿＿＿＿＿　＿＿＿年＿月＿日

审批：＿＿＿＿＿＿＿＿＿＿＿＿＿＿　＿＿＿年＿月＿日

作业负责人：＿＿＿＿＿＿＿＿＿＿

作业日期：＿＿＿年＿月＿日＿时至＿＿＿年＿月＿日＿时

1 作业前准备

1.1 准备工作安排

√	序号	内　容	标　准	备　注
	1	现场勘察	工作负责人依据"配电作业现场勘察记录表"进行现场勘察，做好现场勘察记录	
	2	联系调度	联系调度，了解系统接线的运行方式，申请是否需要停用重合闸	
	3	组织现场作业人员学习标准作业卡	组织现场作业人员学习指导卡，掌握整个操作程序，理解工作任务、质量标准及操作中的危险点及控制措施	
	4	出工前"三交三查"	（1）"三交"主要内容：工作任务、安全措施、技术措施、岗位分工、现场其他注意事项。 （2）"三查"主要内容：人员健康、精神状况、劳保着装情况和安全工器具是否完好等	

1.2 人员要求

√	序号	内　容	备　注
	1	作业人员精神状态良好	
	2	具备必要的电气知识，并经《安规》考试合格	
	3	不停电作业人员必须经过不停电作业培训，经考试合格，并执证上岗	
	4	工作负责人必须进行现场勘察，熟悉现场情况	
	5	监护人应由有不停电作业实践经验的人员担任	
	6	被监护人在作业过程中监护人应专心监护，不得从事其他工作	
	7	作业中互相关心施工安全，及时纠正不安全的行为	
	8	进入作业现场，穿合格工作服、绝缘鞋，戴安全帽	
	9	熟悉工作内容、工作流程和技术要求，掌握安全措施，明确工作中的危险点及防范措施	
	10	作业人员应熟悉绝缘斗臂车的操作程序及绝缘工具的正确使用	

1.3 工器具

√	序号	名　称	型号/规格	单位	数量	备　注
	1	绝缘斗臂车	16.8m	辆	2	
	2	绝缘安全帽	YS－125－02－01	顶	6	
	3	绝缘手套（含羊皮手套）	YS－101－31－03	双	4	
	4	绝缘披肩	YS－126－01－05	件	4	
	5	绝缘安全带	LSA－90	根	4	
	6	绝缘传递绳	ϕ12－13m	根	2	
	7	绝缘树脂毯	YS－241－01－04	块	15	

√	序号	名　　称	型号/规格	单位	数量	备　　注
	8	绝缘毯夹	5型	个	30	
	9	绝缘引流线		根	3	
	10	绝缘遮蔽罩	10kV	根	2	
	11	电流表		只	1	
	12	绝缘锁杆	$\phi30\times1200$mm	根	1	
	13	防潮垫	3000mm×2800mm	块	1	
	14	绝缘检测仪	2500V	台	1	
	15	绝缘杆验电器	10kV	根	1	
	16	对讲机	GP328	只	2	
	17	警示围栏	50m	套	1	
	18	干湿仪		只	1	
	19	警示牌		块	2	

1.4　材料

√	序号	名　　称	型　　号	单位	数量	备　　注
	1	电力复合脂		支	1	
	2	开关（断路器）	SF_6	台	1	
	3	镀锌螺丝	$\phi12\times35$	只	6	

注　准备的材料根据现场情况具体决定。

1.5　危险点分析及安全控制措施

√	序号	危险点	安全控制措施	备　　注
	1	触电	（1）不停电作业必须在良好的天气下进行，工作中如遇雷、雨、雾、风力大于五级等不利于不停电作业的天气，工作负责人应立即停止现场作业。 （2）不停电人员作业时应保持对带电体距离0.4m以上，对邻相带电体距离0.6m以上，绝缘操作杆有效长度0.7m及以上，绝缘绳有效长度0.4m以上，绝缘臂有效长度1m以上。若小于上述距离必须增加绝缘遮蔽措施。 （3）装设、拆除绝缘遮蔽时应戴绝缘手套，必要时使用绝缘杆，作业人员与绝缘遮蔽物发生短时接触的部位应采用组合绝缘遮蔽。一相作业完成后，应迅速对其恢复和保持绝缘遮蔽，然后再对另一相展开作业。 （4）用绝缘毯遮蔽时，要注意夹紧固定，两相邻绝缘毯间应有15cm以上重叠。 （5）工作中车体应良好接地，斗臂车金属臂仰起、回转运动中与带电体的安全距离不得小于1m，若小于上述距离必须增加绝缘遮蔽措施	
	2	高空坠落	绝缘斗中的作业人员应使用安全带，戴好绝缘安全帽。安全带必须系在工作斗内专用挂钩上	

√	序号	危险点	安全控制措施	备　注
	3	高处坠物伤人	现场作业人员必须戴安全帽。绝缘液压臂及作业点的垂直下方严禁站人，高空作业防止掉东西，上下传递物件应用绝缘绳拴牢，严禁上下抛掷。作业范围四周应设围栏和警示标志，防止非作业人员进入作业区	
	4	线路短路接地	拆除扎线时要边拆边卷，防止扎线触及周边带电体和接地体，绑扎线时扎线应捆成小圈边扎边解，防止扎线触及周边带电体和接地体	

1.6　作业分工

√	序号	分工项目	分组负责人（签名）	作业人员（签名）
	1	工作负责人（专职监护人）		
	2	工器具准备		
	3	斗内1号电工		
	4	斗内2号电工		
	5	地面电工		

1.7　定置图及围栏图

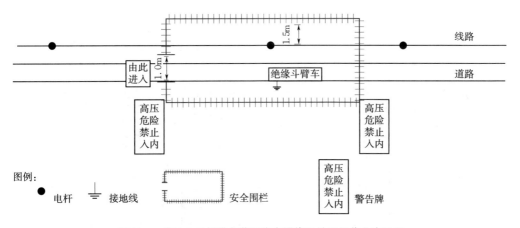

图例：
● 电杆　　⏚ 接地线　　▭ 安全围栏　　[高压危险禁止入内] 警告牌

10kV××线××号杆带负荷不停电更换开关现场作业布置图

2　作业阶段

2.1　开工

√	序号	开工内容项目	备　注
	1	进入现场人员均应戴好安全帽，做好个人防护措施	
	2	在居民和交通道口作业时，工作场所周围装设可靠遮栏，必要时加挂警示标牌	
	3	检查工器具、材料是否合格齐全	

✓	序号	开工内容项目	备　注
	4	工作前和调度电话联系，告知调度作业地点和工作任务并得到调度确定，方可工作	
	5	现场安全措施布置完毕，工作负责人得到全部工作许可人许可后，工作许可人在工作票上签名或记录	
	6	召开开工会，工作负责人宣读工作票，交代危险点及安全措施。经危险点、安全措施告知提问无误后，作业人员在工作票上签名确认	
	7	工作负责人现场复勘，核对工作线路双重命名、杆号，检查环境是否符合作业要求，检查线路装置是否具备带电作业条件，检查工作票所列安全措施，必要时在工作票上补充安全技术措施	

2.2　作业程序

✓	序号	作业内容	作业步骤及标准	安全措施及注意事项
	1	现场作业准备	到达作业现场以后，按照不停电现场标准化作业流程要求做好检查作业人员身体状况、现场测量风速及空气湿度、与调度联系、召开站班会、检查核对线路、检查放置工器具、材料和布置场地等现场作业前各项准备工作	（1）根据现场勘察情况，需停用重合闸的，提前一周通知调度。 （2）分工明确、交代安全措施详细。 （3）检查线路和树木的距离。 （4）现场安全措施完备，在交通繁忙的区域应设置"不停电作业，车辆绕行"的警示牌
	2	穿戴防护用具	斗内电工配戴好安全帽、绝缘安全带、穿戴好绝缘手套及外层防刺手套、绝缘披肩，戴上护目镜。工作负责人检查斗内电工绝缘防护用具穿戴情况。确认无误后，斗内电工方可进入工作斗	（1）戴清洁、干燥的手套，防止在使用时脏污和受潮。 （2）工器具材料应放在干净的绝缘垫上
	3	上升工作斗	作业人员进入工作斗前，应检查工作斗是否超载。检查完毕后，斗内电工携带工器具进入工作斗，将工器具、材料分类放置在斗中和工具袋中，将安全带的钩子挂在斗内专用挂钩上。在做好上述准备工作后，由2号电工操作工作斗平稳上升。工作斗上升时，2号电工要选择好绝缘斗的升起回转路径，避开可能影响斗臂车升起、回转的障碍物	（1）人员进入工作斗前应空斗试操作1次，确认液压传动、回转、升降、伸缩系统工作正常，操作灵活，制动装置可靠。 （2）绝缘斗臂车作业前需可靠接地，接地体埋深0.6m以上。 （3）绝缘斗臂车工作应注意避开附近高低压线及障碍物。 （4）操作斗应平滑、稳定，上升过程中，对可能触及范围内的高低压带电部件需进行绝缘遮蔽

√	序号	作业内容	作业步骤及标准	安全措施及注意事项
	4	验电	工作斗升至作业点处，由1号电工对10kV验电器进行检测，在验电器检测正常后，用验电器从下方至上方依次对杆塔、横担进行验电。在验电过程中斗内2号电工负责监护。验电完成后，斗内2号电工向地面工作负责人报告验电结果。地面工作负责人指示斗内电工进行下一步作业	选取相应电压等级的验电器
	5	开关闭锁	A组2号电工操作绝缘斗臂车至适合位置，A组1号电工用绝缘操作杆对开关进行闭锁操作	绝缘操作杆应试验合格
	6	三相引线绝缘遮蔽	A组2号电工调整斗臂车至开关处，用绝缘树脂毯对开关桩头处外边相引线进行绝缘遮蔽，调整工作斗对开关桩头处内边相引线进行绝缘遮蔽，最后对中相进行绝缘遮蔽	（1）按照由近至远、从大到小、从低到高的原则，采取遮蔽措施。 （2）对作业范围内不满足安全距离的带电导线、引线、横担、瓷瓶及连接构件均需进行遮蔽。 （3）用绝缘树脂毯遮蔽时，要注意夹紧固定，两相邻组合绝缘间应有15cm以上重叠
	7	安装三相引流线	两组2号电工操作绝缘斗臂车移至外边相导线合适作业点，2组1号电工用绝缘树脂毯对内边相导线与横担进行绝缘遮蔽。两组2号电工操作绝缘斗臂车移至中相导线合适作业点，A组1号电工用绝缘树脂对中相绝缘子及杆顶进行绝缘遮蔽。两组1号电工同时在中相两侧剥开位置挂上绝缘引流线，并检查确定绝缘引流线连接牢固。A组的1号电工用电流表测量绝缘引流线电流，读出电流表电流值，确认通流正常。两组2号电工操纵绝缘斗臂车移至内边相导线适合作业点处，两组1号电工拆除导线上的绝缘遮蔽，继而在外边相两侧剥开位置挂上绝缘引流线，并检查确定绝缘引流线连接牢固。A组的1号电工用电流表测量绝缘引流线电流，读出电流表电流值，确认通流正常。内边相用同样的方法安装绝缘引流线。A组2号电工调整绝缘斗臂车至开关下方，A组1号电工拉开开关	（1）在引流线接触点做好绝缘遮蔽。 （2）挂上引流线时前需通知工作负责人，两辆斗臂车的作业人员应力求同步。 （3）引流线的连接点必须牢固可靠。 （4）引流线必须与未遮蔽部位保持0.4m以上的安全离。 （5）按照由近至远、从大到小、从低到高的原则进行遮蔽。 （6）按照由远至近、从小到大、从高到低原则拆除遮蔽

✓	序号	作业内容	作业步骤及标准	安全措施及注意事项
	8	拆除内边相引线	A组2号电工调整绝缘斗臂车至内边相引线处，A组1号电工拆除内边相引线处的绝缘遮蔽，A组2号电工用绝缘锁杆将内边相引线固定后，拆开引线；最后将已拆开的引线提升至内边相导线处，将引线与导线固定，用绝缘树脂毯进行遮蔽。B组用同样的方法同时拆除开关另一侧的引线	（1）按照由远至近、从小到大、从高到低原则拆除遮蔽。 （2）拆引线时应迅速准确，小心仔细，引流线不能摆动过大，以免引起单相接地或相间短路。 （3）遮蔽时，要注意夹紧固定，两相邻绝缘遮蔽应有15cm以上重叠
	9	拆除外边相引线	A组2号电工调整绝缘斗臂车至外边相引线处，A组1号电工拆除外边相引线处的绝缘遮蔽，A组2号电工用绝缘锁杆将外边相引线固定后，拆开引线；最后将已拆开的引线提升至外边相导线处，将引线与导线固定，用绝缘树脂毯进行遮蔽。B组用同样的方法同时拆除开关另一侧的引线	（1）按照由远至近、从小到大、从高到低原则拆除遮蔽。 （2）拆引线时应迅速准确，小心仔细，引流线不能摆动过大，以免引起单相接地或相间短路。 （3）遮蔽时，要注意夹紧固定，两相邻绝缘遮蔽应有15cm以上重叠
	10	拆除中相引线	A组2号电工调整绝缘斗臂车至中相引线处，A组1号电工拆除中相引线处的绝缘遮蔽，A组2号电工用绝缘锁杆将中相引线固定后，拆开引线；最后将已拆开的引线提升至中相导线处，将引线与导线固定，用绝缘树脂毯进行遮蔽。B组用同样的方法同时拆除开关另一侧的引线	（1）按照由远至近、从小到大、从高到低原则拆除遮蔽。 （2）拆引线时应迅速准确，小心仔细，引流线不能摆动过大，以免引起单相接地或相间短路。 （3）遮蔽时，要注意夹紧固定，两相邻绝缘遮蔽应有15cm以上重叠
	11	拆除开关	A组2号电工调整工作斗小吊在开关的正上方，并固定好吊点及带紧吊绳；B组1号电工拆除开关接地引线及底脚螺丝，绑好地面调整绳；A组2号电工将开关吊离支架，用吊绳将其放至地面	（1）开关下部应绑好调整绳，防止开关碰撞或倾覆。 （2）起吊开关应缓慢进行，发现吊点不合适应立即调整。 （3）起吊时应防止开关两侧套管受力造成的破损
	12	安装开关	地面电工将更换的开关固定好吊点，A组2号电工用吊绳将开关吊至安装位置；B组1号电工安装底脚螺丝及开关接地引线；A组2号电工松开吊绳并拆除	（1）开关下部应绑好调整绳，防止开关碰撞或倾覆。 （2）起吊开关应缓慢进行，发现吊点不合适应立即调整。 （3）起吊时应防止开关两侧套管受力造成的破损

✓	序号	作业内容	作业步骤及标准	安全措施及注意事项
	13	恢复中相引线	A组2号电工调整工作斗至中相引线处，A组1号电工拆除导线上的绝缘遮蔽，用绝缘锁杆将其固定，并缓慢将其放置到中相开关桩头处且固定，并对中相引线进行绝缘遮蔽。B组电工用同样的方法同时对开关另一侧的引线进行搭接	（1）按照由远至近、从小到大、从高到低原则拆除遮蔽。 （2）接引线时应迅速准确，小心仔细，引流线不能摆动过大，以免引起单相接地或相间短路。 （3）遮蔽时，要注意夹紧固定，两相邻绝缘遮蔽应有15cm以上重叠
	14	恢复外边相引线	A组2号电工调整工作斗至外边相引线处，A组1号电工拆除导线上的绝缘遮蔽，用绝缘锁杆将其固定，并缓慢将其放置到外边相开关桩头处且固定，并对外边相引线进行绝缘遮蔽。B组电工用同样的方法同时对开关另一侧的引线进行搭接	（1）按照由远至近、从小到大、从高到低原则拆除遮蔽。 （2）接引线时应迅速准确，小心仔细，引流线不能摆动过大，以免引起单相接地或相间短路。 （3）遮蔽时，要注意夹紧固定，两相邻绝缘遮蔽应有15cm以上重叠
	15	恢复内边相引线	A组2号电工调整工作斗至内边相引线处，A组1号电工拆除导线上的绝缘遮蔽，用绝缘锁杆将其固定，并缓慢将其放置到内边相开关桩头处且固定，并对内边相引线进行绝缘遮蔽。调整工作斗，拆除中相引线绝缘遮蔽，继而外边相绝缘遮蔽，最后内边相绝缘遮蔽。B组电工用同样的方法同时对开关另一侧的引线进行搭接	（1）按照由远至近、从小到大、从高到低原则拆除遮蔽。 （2）接引线时应迅速准确，小心仔细，引流线不能摆动过大，以免引起单相接地或相间短路。 （3）遮蔽时，要注意夹紧固定，两相邻绝缘遮蔽应有15cm以上重叠
	16	拆除三相引流线	A组2号电工操作绝缘斗臂车至适合位置，A组1号电工用绝缘操作杆合上开关并对开关进行闭锁操作。A组2号电工用电流表测量开关引线电流，读出电流表电流值，确认通流正常。两组1号电工同时拆除外边相导线上的引流线，并拆除外边相横担上的绝缘遮蔽。两组2号电工操作绝缘斗臂车至内边相适合作业点处，两组1号电工同时拆除内边相导线上的引流线，并对内边相导线进行绝缘遮蔽。两组2号电工操作绝缘斗臂车至中相适合作业点处，两组1号电工同时拆除中相导线上的引流线，并拆除中相绝缘子及杆顶的绝缘遮蔽，继而拆除内边相导线上的绝缘遮蔽。最后断开开关的闭锁装置	（1）按照由远至近、从小到大、从高到低原则拆除遮蔽。 （2）遮蔽时，要注意夹紧固定，两相邻绝缘遮蔽应有15cm以上重叠。 （3）拆除引流线时需通知工作负责人，两辆斗臂车的作业人员应力求同步。 （4）拆引流线时应迅速准确，小心仔细，引流线不能摆动过大，以免引起单相接地或相间短路

√	序号	作业内容	作业步骤及标准	安全措施及注意事项
	17	竣工验收	开关更换完成以后，斗内电工检查确认符合质量要求，杆塔上无遗留物，斗内2号电工报告地面工作负责人工作已经结束，经地面工作负责人同意返回地面	

2.3 作业终结

√	序号	作业终结内容要求项目	备 注
	1	作业人员清理工作现场检查确无问题	
	2	检查工器具、回收材料是否齐全	
	3	工作负责人组织全体作业人员召开收工会	
	4	全体作业人员撤离工作现场，工作负责人向工作许可人汇报，履行工作终结手续	
	5	召开班后会，进行总结。整理资料并归档	

3 验收总结

序号	内 容	
1	验收评价	
2	存在问题及处理意见	

附录18　10kV××线××杆直线杆改耐张杆
标准作业卡（绝缘手套作业）

编写：＿＿＿＿＿＿＿＿＿＿＿＿　＿＿＿年＿月＿日

审批：＿＿＿＿＿＿＿＿＿＿＿＿　＿＿＿年＿月＿日

作业负责人：＿＿＿＿＿＿＿＿＿

作业日期：＿＿＿年＿月＿日＿时至＿＿＿年＿月＿日＿时

1 作业前准备

1.1 准备工作安排

√	序号	内 容	标 准	备 注
	1	现场勘察	工作负责人依据"配电作业现场勘察记录表"进行现场勘察，做好现场勘察记录	
	2	联系调度	联系调度，了解系统接线的运行方式，申请是否需要停用重合闸	
	3	组织现场作业人员学习标准作业卡	组织现场作业人员学习指导卡，掌握整个操作程序，理解工作任务、质量标准及操作中的危险点及控制措施	
	4	出工前"三交三查"	(1)"三交"主要内容：工作任务、安全措施、技术措施、岗位分工、现场其他注意事项。 (2)"三查"主要内容：人员健康、精神状况、劳保着装情况和安全工器具是否完好等	

1.2 人员要求

√	序号	内 容	备 注
	1	作业人员精神状态良好	
	2	具备必要的电气知识，并经《安规》考试合格	
	3	不停电作业人员必须经过不停电作业培训，经考试合格，并执证上岗	
	4	工作负责人必须进行现场勘察，熟悉现场情况	
	5	监护人应由不停电作业实践经验的人员担任	
	6	被监护人在作业过程中监护人应专心监护，不得从事其他工作	
	7	作业中互相关心施工安全，及时纠正不安全的行为	
	8	进入作业现场，穿合格工作服、绝缘鞋，戴安全帽	
	9	熟悉工作内容、工作流程和技术要求，掌握安全措施，明确工作中的危险点及防范措施	
	10	作业人员应熟悉绝缘斗臂车的操作程序及绝缘工具的正确使用	

1.3 工器具

√	序号	名 称	型号/规格	单位	数量	备 注
	1	绝缘斗臂车	16.8m	辆	2	
	2	10kV绝缘引流线		根	3	
	3	绝缘安全带		根	4	
	4	绝缘手套（含羊皮手套）	YS-101-31-03	双	4	

√	序号	名　　称	型号/规格	单位	数量	备　　注
	5	绝缘传递绳		根	2	
	6	绝缘帽	YS－125－02－01	只	6	
	7	绝缘披肩	YS－126－01－05	件	4	
	8	绝缘高压护套管	PE－3m	根	4	
	9	绝缘树脂毯	YS－241－01－04	块	28	
	10	绝缘毯夹	5型	个	50	
	11	绝缘横担		副	1	
	12	绝缘导线紧线绞		把	2	
	13	绝缘后备保护绳		根	2	
	14	卡线器		只	4	
	15	卸扣		只	4	
	16	护目镜		副	4	
	17	绝缘检测仪	5000V	只	1	
	18	对讲机		部	2	
	19	防潮垫		块	2	
	20	充气式绝缘手套检测仪		只	1	
	21	风速测试仪		台	1	
	22	湿度仪		台	1	
	23	安全围绳		m	100	
	24	道路警示牌		块	2	
	25	干燥清洁巾		块	2	
	26	工具包（含工具）		套	1	
	27	验电器	10kV	组	1	
	28	电流表		只	1	

1.4　材料

√	序号	名　　称	型　　号	单位	数量	备　　注
	1	悬式绝缘子		片	12	
	2	碗头		只	6	
	3	球头		只	6	
	4	直角挂板		只	6	
	5	耐张线夹		只	6	

√	序号	名　　称	型　　号	单位	数量	备　　注
	6	柱式绝缘子		只	1	
	7	异型线夹		只	12	
	8	电力复合脂		只	1	
	9	线路相同型号交联架空导线		m	5	

注　准备的材料根据现场情况具体决定。

1.5　危险点分析及安全控制措施

√	序号	危险点	安全控制措施	备注
	1	触电	（1）不停电作业必须在良好的天气下进行，工作中如遇雷、雨、雾、风力大于五级等不利于不停电作业的天气，工作负责人应立即停止现场作业。 （2）不停电人员作业时应保持对带电体距离 0.4m 以上，对邻相带电体距离 0.6m 以上，绝缘操作杆有效长度 0.7m 及以上，绝缘绳有效长度 0.4m 以上，绝缘臂有效长度 1m 以上。若小于上述距离必须增加绝缘遮蔽措施。 （3）装设、拆除绝缘遮蔽时应戴绝缘手套，必要时使用绝缘杆，作业人员与绝缘遮蔽物发生短时接触的部位应采用组合绝缘遮蔽。一相作业完成后，应迅速对其恢复和保持绝缘遮蔽，然后再对另一相开展作业。 （4）用绝缘毯遮蔽时，要注意夹紧固定，两相邻绝缘毯间应有 15cm 以上重叠。 （5）工作中车体应良好接地，斗臂车金属臂仰起、回转运动中与带电体的安全距离不得小于 1m，若小于上述距离必须增加绝缘遮蔽措施	
	2	高空坠落	绝缘斗中的作业人员应使用安全带，戴好绝缘安全帽。安全带必须系在工作斗内专用挂钩上	
	3	高处坠物伤人	现场作业人员必须戴安全帽。绝缘液压臂及作业点的垂直下方严禁站人，高空作业防止掉东西，上下传递物件应用绝缘绳拴牢，严禁上下抛掷。作业范围四周应设围栏和警示标志，防止非作业人员进入作业区	
	4	线路短路接地	应采取防止引流线摆动的措施，当引线间距离不能满足要求时，需进行绝缘遮蔽	
	5	线路突然跑线	使用与导线型号相配套的紧线器；开断导线前必须仔细检查各受力点受力情况；装设防止导线脱落的后备保护措施	

1.6 作业分工

√	序号	分工项目	分组负责人（签名）	作业人员（签名）
	1	工作负责人（专职监护人）		
	2	工器具准备		
	3	斗内1号电工		
	4	斗内2号电工		
	5	地面电工		

1.7 定置图及围栏图

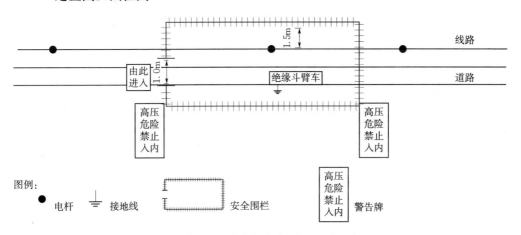

10kV××线××杆直线杆改耐张杆现场作业布置图

2 作业阶段

2.1 开工

√	序号	开工内容项目	备 注
	1	进入现场人员均应戴好安全帽，做好个人防护措施	
	2	在居民和交通道口作业时，工作场所周围装设可靠遮栏，必要时加挂警示标牌	
	3	检查工器具、材料是否合格齐全	
	4	工作前和调度电话联系，告知调度作业地点和工作任务并得到调度确定，方可工作	
	5	现场安全措施布置完毕，工作负责人得到全部工作许可人许可后，工作许可人在工作票上签名或记录	
	6	召开开工会，工作负责人宣读工作票，交代危险点及安全措施。经危险点、安全措施告知提问无误后，作业人员在工作票上签名确认	
	7	工作负责人现场复勘，核对工作线路双重命名、杆号，检查环境是否符合作业要求，检查线路装置是否具备带电作业条件，检查工作票所列安全措施，必要时在工作票上补充安全技术措施	

2.2 作业程序

√	序号	作业内容	作业步骤及标准	安全措施及注意事项
	1	现场作业准备	到达作业现场以后，按照不停电现场标准化作业流程要求做好检查作业人员身体状况、现场测量风速及空气温湿度，与调度联系、召开站班会，检查核对线路，检查放置工器具、材料和布置场地等现场作业前各项准备工作	(1) 根据现场勘察情况、需停用重合闸的，提前一周通知调度。 (2) 分工明确，交代安全措施详细。 (3) 检查线路和树木的距离。 (4) 现场安全措施完备，在交通繁忙的区域应设置"不停电作业、车辆绕行"的警示牌
	2	穿戴防护用具	斗内电工配戴好安全帽，绝缘安全带，穿戴好绝缘手套及外层防刺手套、绝缘披肩，戴上护目镜。工作负责人检查斗内电工绝缘防护用具穿戴情况，确认无误后，斗内电工方可进入工作斗	(1) 戴清洁、干燥的手套，防止在使用时脏污和受潮。 (2) 工器具材料应放在干净的绝缘垫上
	3	上升工作斗	作业人员进入工作斗前，应检查工作斗是否超载。检查完毕后，斗内电工携带工器具进入工作斗，将工器具、材料分类放置在斗中和工具袋内，用安全带将工器具挂在斗内专用挂钩上。在做好上述准备工作后，由2号电工操作工作斗平稳上升。工作斗上升时，2号电工要选择好绝缘斗的升起回转路径，避开可能影响斗臂车升起、回转的障碍物	(1) 人员进入工作斗前应空斗试操作1次，确认液压传动、回转、升降，伸缩系统工作正常，操作灵活，制动装置可靠。 (2) 绝缘斗臂车作业前需可靠接地，接地体埋深0.6m以上。 (3) 绝缘斗臂车工作应注意避开附近低压线及障碍物。 (4) 操作斗应平滑、稳定、上升过程中，对可能触及范围内的高低压带电部位需进行绝缘遮蔽
	4	验电	工作斗升至作业点处，由A组1号电工对10kV验电器进行验电，在验电器检测正常后，用验电器从下方至上方依次对杆塔、横担进行验电。在验电过程中斗中2号电工负责监护，验电完成后，斗内2号电工向地面工作负责人报告验电结果。地面电工指示斗内电工进行下一步作业	选取相应电压等级的验电器

序号	作业内容	作业步骤及标准	安全措施及注意事项
5	两边相导线、绝缘子、横担安装绝缘遮蔽	A组2号电工操作绝缘斗臂车移至内边相导线合适作业点，1号电工用绝缘高压防护套管和绝缘树脂毯对内边相绝缘子两边导线进行绝缘遮蔽。遮蔽完成后采用绝缘树脂毯对内边相绝缘子及横担上方加盖绝缘橡胶毯。 A组作业时，B组同时用相同的方法对外边相进行绝缘遮蔽	遮蔽时，要注意夹紧固定，两相邻绝缘遮蔽应有15cm以上重叠。
6	中相绝缘遮蔽和安装绝缘横担	B组2号电工将工作斗移至中相导线合适作业点，B组1号电工用绝缘树脂毯对中相柱式绝缘子、杆顶及导线进行绝缘遮蔽。A组2号电工将工作斗调整至中相下方靠近水泥杆合适作业点处，在横担上方50cm处安装绝缘横担，B组进行辅助配合	(1) 遮蔽时，要注意紧固定，两相邻绝缘遮蔽应有15cm以上重叠。 (2) 检查连接是否牢固
7	中相导线直线改接前耐张	A组、B组的2号电工操作绝缘斗臂车移至中相合适作业点，由A组、B组1号电工用紧线绞收紧两侧导线，金具和耐张线夹，在两侧选择合适位置剥开绝缘导线，将绝缘引流线固定在绝缘横担导托槽上，两组1号电工同时在中相两侧遮蔽位置挂上绝缘引流线。两组1号电工用紧线绞固定在绝缘横担固定托槽上，并检查确定绝缘引流线连接牢固。 由A组的1号电工用电流表测量绝缘引流线电流，读出电流表电流，工作负责人汇报，工作负责人确认通流正常，确认电流值在绝缘引流线准许的范围内后，下达开展下一步工作。 A组、B组1号电工同时拆除中相导线上的绝缘遮蔽，确定导线开断的位置。A组1号电工解开中相柱式绝缘子上的绝缘遮蔽并对中相柱式绝缘子进行绝缘遮蔽，然后由A组1号电工在中相两侧遮蔽位置剪开导线，松开1号电工断线剪开两侧的绝缘紧线绞并拆除绝缘紧线绞。A组、B组的1号电工各自将开断后的两条导线头放入两侧绝缘保护绳和绝缘紧线夹中并固定，卡线器和导线保护绳和耐张线	(1) 挂在双头瓷拉棒上的绝缘绳应检查受力情况。 (2) 在引流线接触点做好绝缘遮蔽。 (3) 挂上引流线时需通知工作负责人，两辆斗臂车的作业人员应力求同步。 (4) 引流线的连接必须牢固可靠。 (5) 引流线遮蔽部位与未遮蔽部位保持0.4m以上的安全距离。 (6) 检查搭接点对邻相和对地距离是否符合要求。 (7) 松出紧线绞前需对耐张线夹固定检查。 (8) 拆除导线紧线绞时动作不宜过大，要防止导线绞机剪落。 (9) 按照由近至远，从大到小、从高到低的原则进行遮蔽 (10) 按照由远至近，小到大、从高到低原则拆除遮蔽

序号	作业内容	作业步骤及标准	安全措施及注意事项
7	中相导线直线改耐张	A组、B组的电工分别剥开导线两个端头的绝缘层，连接部位涂上电力复合脂，A组、B组的电工配合用异型线夹固定引线，在异型线夹上包好绝缘胶布，A组1号电工用扎线将引线中部固定在中相杆顶柱式绝缘子上。 两绝缘斗内电工协同配合，拆除绝缘引流线，在两侧绝缘挂接处安装验电接地环，由小到大的原则拆除中相所有绝缘遮蔽。 A组、B组协同配合拆除绝缘横担，按照有远有近，由高到低，A组、B组电工配合在外边相横担下方约50cm处安装好绝缘横担，并检查连接点是否紧固	
8	外边相导线直线改耐张	A组、B组的2号电工操作绝缘斗臂车移至外边相合适作业点，由A组、B组电工配合自外边相边侧安装式绝缘子进行绝缘遮蔽，并对新装式绝缘子上安装倒扣，然后在两侧绝缘遮蔽，金具和耐张线夹，收紧紧线绞，并做好工作防护，A组2号电工向工作负责人汇报工作情况。工作负责人检查各部连接情况及各部连接无误后，下令做收线工作。 A组和B组斗内电工用紧线绞收紧两侧导线，将绝缘引流线固定在绝缘托槽上。两组斗内的1号电工同时在外边相内的1号电工合适位置选择剥开绝缘子，将两侧绝缘子开锁两侧绝缘子托槽连接牢固。 A组的1号电工用电流表测量绝缘引流线，由A组的2号电工向地面工作负责人汇报，读出电流表电流，确认通流正常，读出电流表确认电流，工作负责人检查确认绝缘引流线搭接完好，确认电流表值在绝缘引流线准许的范围内后，下达工作下一步工作。 A组1号电工调整柱式绝缘子上的绝缘遮蔽，确定导线开断后的位置，两组斗内电工各自将剪引线的两头小心放入式绝缘子固定扎槽，确定导线开断后，工作负责人下令在锁住合适点，然后后在A组1号电工在合适点将剪断开导线，两组斗内电工各自将剪断引线的两头小心放入两侧绝缘子固定扎线，确认导线剪开的两头小心，松开A组两侧绝缘紧线绞，卡线器导线线保护绳及耐张线夹上的闸扣	(1) 挂在双头瓷拉棒上的绝缘绳套收紧绝缘导线时应检查受力情况。 (2) 在引流线接触点做好绝缘遮蔽。 (3) 挂上引流线时前需通知工作负责人，两辆斗臂车的连接必须牢固可靠。 (4) 引线的连接部位必须牢固可靠。 (5) 引流线搭接点与未遮蔽部位保持0.4m以上的安全距离。 (6) 检查搭接点对邻相和对地距离是否符合要求。 (7) 松出紧线绞前需对耐张线夹固定检查。 (8) 拆除导线紧线绞时动作不宜过大，要防止导线紧线绞时动作。 (9) 按照由近至远，从大到小，从小到大则进行遮蔽。 (10) 按照由远由至近，从大到小，从高到低原则拆除遮蔽

序号	作业内容	作业步骤及标准	安全措施及注意事项
8	外边相导线直线改耐张	A组、B组的电工分别剥开剪断导线两个端头的绝缘层，连接部位涂上电力复合脂，A组、B组的电工协同电工配合用异型线夹上柱型绝缘子。两组绝缘斗内电工协同配合，在异型线夹上包好绝缘胶布，拆除外边相横担上柱式绝缘验电接地环。至此，外边相改耐张工作完成。A组、B组的电工配合用绝缘树脂横担将外边相内边相绝缘遮蔽，调整至合适作业点处，调整绝缘横担至内边相，B组电工改耐张至外边相，B组电工将引线按照由近至近、由高到低、由小到大的原则拆除外边相横担、绝缘子上的绝缘遮蔽	(1) 挂在双头瓷拉棒上的绝缘绳套收紧导线时应检查受力情况。 (2) 在引流线接触点做好绝缘遮蔽。 (3) 挂上引流线时前需通知工作负责人，两辆斗臂车作业时应力求同步。 (4) 引流线的连接点必须牢固可靠。 (5) 引流线必须与未遮蔽部位保持0.4m以上的安全距离。 (6) 检查搭接点对邻相和对地距离是否符合要求。 (7) 松出紧线钳前需对耐张线夹固定点检查。 (8) 拆除导线紧线机及绝缘紧线钳时动作不宜过大，要防止引导线紧线机掉落。 (9) 按照由近至近、从大到小、从小到大、从低到高原则进行遮蔽。 (10) 按拆除由远至近、从高到低原则拆除遮蔽
9	内边相导线直线改耐张	采用和外边相同样的方法将内边相导线改为耐张。A组2号电工将调整至外边相引线绝缘遮蔽。A组、B组的电工工作斗调整至合适作业点处，拆除绝缘横担，A组电工配合用绝缘树脂德将内边相引线绝缘遮蔽。B组电工由近至近、由高到低、由小到大的原则，由近至近同时拆除内边相绝缘横担、引线上的绝缘遮蔽	
10	竣工验收	直线改耐张作业完成以后，斗内电工检查确认质量符合要求，杆塔上无遗留物，斗内2号电工报告地面工作负责人工作已经结束，经地面工作负责人同意返回地面	

199

2.3 作业终结

√	序号	作业终结内容要求项目	备 注
	1	作业人员清理工作现场检查确无问题	
	2	检查工器具、回收材料是否齐全	
	3	工作负责人组织全体作业人员召开收工会	
	4	全体作业人员撤离工作现场，工作负责人向工作许可人汇报，履行工作终结手续	
	5	召开班后会，进行总结。整理资料并归档	

3 验收总结

序号	内　容	
1	验收评价	
2	存在问题及处理意见	

附录 19　10kV××线××杆直线杆改耐张杆并加装柱上
开关标准作业卡（绝缘手套作业）

编写：_____　　____年__月__日

审批：_____　　____年__月__日

作业负责人：_____

作业日期：____年__月__日__时至____年__月__日__时

1 作业前准备

1.1 准备工作安排

✓	序号	内　容	标　准	备　注
	1	现场勘察	工作负责人依据"配电作业现场勘察记录表"进行现场勘察，做好现场勘察记录	
	2	联系调度	联系调度，了解系统接线的运行方式，申请是否需要停用重合闸	
	3	组织现场作业人员学习标准作业卡	组织现场作业人员学习指导卡，掌握整个操作程序，理解工作任务、质量标准及操作中的危险点及控制措施	
	4	出工前"三交三查"	（1）"三交"主要内容：工作任务、安全措施、技术措施、岗位分工、现场其他注意事项。 （2）"三查"主要内容：人员健康、精神状况、劳保着装情况和安全工器具是否完好等	

1.2 人员要求

✓	序号	内　容	备　注
	1	作业人员精神状态良好	
	2	具备必要的电气知识，并经《安规》考试合格	
	3	不停电作业人员必须经过不停电作业培训，经考试合格，并执证上岗	
	4	工作负责人必须进行现场勘察，熟悉现场情况	
	5	监护人应由有不停电作业实践经验的人员担任	
	6	被监护人在作业过程中监护人应专心监护，不得从事其他工作	
	7	作业中互相关心施工安全，及时纠正不安全的行为	
	8	进入作业现场，穿合格工作服、绝缘鞋，戴安全帽	
	9	熟悉工作内容、工作流程和技术要求，掌握安全措施，明确工作中的危险点及防范措施	
	10	作业人员应熟悉绝缘斗臂车的操作程序及绝缘工具的正确使用	

1.3 工器具

✓	序号	名　称	型号/规格	单位	数量	备　注
	1	绝缘斗臂车	16.8m	辆	2	
	2	10kV绝缘引流线		根	3	
	3	绝缘安全带		根	4	
	4	绝缘手套（含羊皮手套）	YS-101-31-03	双	4	

√	序号	名　称	型号/规格	单位	数量	备　注
	5	绝缘传递绳		根	2	
	6	绝缘帽	YS－125－02－01	只	6	
	7	绝缘披肩	YS－126－01－05	件	4	
	8	绝缘高压护套管	PE－3m	根	4	
	9	绝缘树脂毯	YS－241－01－04	块	28	
	10	绝缘毯夹	5型	个	50	
	11	绝缘横担		副	1	
	12	绝缘导线紧线绞		把	2	
	13	绝缘后备保护绳		根	2	
	14	卡线器		只	4	
	15	卸扣		只	4	
	16	护目镜		副	4	
	17	电流表		只	1	
	18	绝缘检测仪	5000V	只	1	
	19	对讲机		部	2	
	20	防潮垫		块	2	
	21	充气式绝缘手套检测仪		只	1	
	22	风速测试仪		台	1	
	23	湿度仪		台	1	
	24	安全围绳		m	100	
	25	道路警示牌		块	2	
	26	干燥清洁巾		块	2	
	27	工具包（含工具）		套	1	
	28	验电器	10kV	组	1	

1.4 材料

√	序号	名　称	型　号	单位	数量	备　注
	1	悬式绝缘子		片	12	
	2	碗头		只	6	
	3	球头		只	6	
	4	直角挂板		只	6	
	5	耐张线夹		只	6	
	6	柱式绝缘子		只	1	

√	序号	名　　称	型　　号	单位	数量	备　　注
	7	异型线夹		只	12	
	8	电力复合脂		只	1	
	9	线路相同型号交联架空导线		m	5	
	10	柱上开关		台	1	
	11	开关支架		组	1	

注　准备的材料根据现场情况具体决定。

1.5　危险点分析及安全控制措施

√	序号	危险点	安全控制措施	备注
	1	触电	（1）不停电作业必须在良好的天气下进行，工作中如遇雷、雨、雾、风力大于五级等不利于不停电作业的天气，工作负责人应立即停止现场作业。 （2）不停电人员作业时应保持对带电体距离 0.4m 以上，对邻相带电体距离 0.6m 以上，绝缘操作杆有效长度 0.7m 及以上，绝缘绳有效长度 0.4m 以上，绝缘臂有效长度 1m 以上。若小于上述距离必须增加绝缘遮蔽措施。 （3）装设、拆除绝缘遮蔽时应戴绝缘手套，必要时使用绝缘杆，作业人员与绝缘遮蔽物发生短时接触的部位应采用组合绝缘遮蔽。一相作业完成后，应迅速对其恢复和保持绝缘遮蔽，然后再对另一相开展作业。 （4）用绝缘毯遮蔽时，要注意夹紧固定，两相邻绝缘毯间应有 15cm 以上重叠。 （5）工作中车体应良好接地，斗臂车金属臂仰起、回转运动中与带电体的安全距离不得小于 1m，若小于上述距离必须增加绝缘遮蔽措施	
	2	高空坠落	绝缘斗中的作业人员应使用安全带，戴好绝缘安全帽。安全带必须系在工作斗内专用挂钩上	
	3	高处坠物伤人	现场作业人员必须戴安全帽。绝缘液压臂及作业点的垂直下方严禁站人，高空作业防止掉东西，上下传递物件应用绝缘绳拴牢，严禁上下抛掷。作业范围四周应设围栏和警示标志，防止非作业人员进入作业区	
	4	线路短路接地	应采取防止引流线摆动的措施，当引线间距离不能满足要求时，需进行绝缘遮蔽	
	5	线路突然跑线	使用与导线型号相配套的紧线器；开断导线前必须仔细检查各受力点受力情况；装设防止导线脱落的后备保护措施	

1.6 作业分工

√	序号	分工项目	分组负责人（签名）	作业人员（签名）
	1	工作负责人（专职监护人）		
	2	工器具准备		
	3	斗内1号电工		
	4	斗内2号电工		
	5	地面电工		

1.7 定置图及围栏图

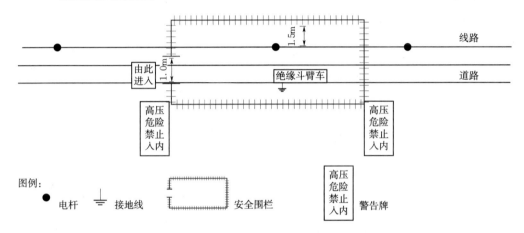

图例：

● 电杆　⏚ 接地线　⌗⌗⌗ 安全围栏　高压危险禁止入内 警告牌

10kV××线××杆直线杆改耐张杆并加装柱上开关现场作业布置图

2 作业阶段

2.1 开工

√	序号	开工内容项目	备注
	1	进入现场人员均应戴好安全帽，做好个人防护措施	
	2	在居民和交通道口作业时，工作场所周围装设可靠遮栏，必要时加挂警示标牌	
	3	检查工器具、材料是否合格齐全	
	4	工作前和调度电话联系，告知调度作业地点和工作任务并得到调度确定，方可工作	
	5	现场安全措施布置完毕，工作负责人得到全部工作许可人许可后，工作许可人在工作票上签名或记录	
	6	召开开工会，工作负责人宣读工作票，交代危险点及安全措施。经危险点、安全措施告知提问无误后，作业人员在工作票上签名确认	
	7	工作负责人现场复勘，核对工作线路双重命名、杆号，检查环境是否符合作业要求，检查线路装置是否具备带电作业条件，检查工作票所列安全措施，必要时在工作票上补充安全技术措施	

2.2 作业程序

序号	作业内容	作业步骤及标准	安全措施及注意事项
√			
1	现场作业准备	到达作业现场以后，按照不停电现场标准化作业流程要求做好检查作业人员身体状况、现场测量风速及空气温湿度，与调度联系、召开站班会，检查核对线路、器具、材料和布置现场地等现场作业前各项准备工作	(1) 根据现场勘察情况，需停用重合闸的，提前一周通知重合闸。 (2) 分工明确，交代安全措施详细。 (3) 检查线路和树木的距离。 (4) 现场安全措施完备，在交通繁忙的区域应设置"不停电作业，车辆绕行"的警示牌
2	穿戴防护用具	斗内电工配戴好安全帽、绝缘安全带、穿戴好绝缘手套、绝缘披肩、戴上护目镜。工作负责人检查斗内电工绝缘防护用具穿戴情况，确认无误后，斗内电工方可进入工作斗	(1) 戴清洁、干燥的手套，防止在使用时脏污和受潮。 (2) 工器具材料应放在干净的绝缘垫上
3	上升工作斗	作业人员进入工作斗前，应检查工作斗是否超载。检查完毕后，斗内电工携带工器具进入工作斗，将工器具、材料分类放置在斗中和工具袋中，用安全带的钩子挂在工作斗内专用挂钩上。在做好上述准备工作后，由2号电工操作工作斗平稳上升。工作斗上升时，2号电工要选择好绝缘斗的升起回转路径，避开回转时可能影响斗臂车升起、回转的障碍物	(1) 人员进入工作斗前应空斗试操作1次，确认液压传动、回转、升降，操作灵活，伸缩系统工作正常，操作臂升、回转、制动装置可靠。 (2) 绝缘斗臂车作业前需可靠接地，接地体里深0.6m以上。 (3) 绝缘斗臂车工作应注意避开附近带高低压电线及障碍物，上升过程中，对可能触及范围内的高低压带电部件需进行绝缘遮蔽
4	验电	工作斗升至作业点处，由A组1号电工对10kV验电器进行检测，在验电器检测正常后，用验电器从下方至上方依次对杆塔、横担进行验电。在验电过程中斗内2号电工负责监护。验电完成后，斗内电工向地面工作负责人报告验电结果。地面工作负责人指示斗内电工进行下一步作业	选取相应电压等级的验电器

√	序号	作业内容	作业步骤及标准	安全措施及注意事项
	5	两边相导线、绝缘子、横担绝缘遮蔽	A组2号电工操作绝缘斗臂车移至内边相导线合适作业点，1号电工用绝缘高压防护套管和绝缘树脂罩对内边相绝缘子及横担进行绝缘遮蔽。遮蔽完成后采用绝缘树脂罩对内边相绝缘子及横担上方加盖绝缘橡胶毯。A组作业时，B组同时用相同的方法对外边相进行绝缘遮蔽	遮蔽时，要注意夹紧固定，两相邻绝缘遮蔽应有15cm以上重叠
	6	中相绝缘遮蔽和安装绝缘横担	B组2号电工将工作斗移至中相导线合适作业点，B组1号电工用绝缘树脂罩对中相柱式绝缘子、杆顶及引线进行绝缘遮蔽。A组2号电工工作斗移至横担下方靠近水泥杆合适作业点处，在横担上方50cm处安装绝缘横担，B组进行辅助配合	(1) 遮蔽时，要注意夹紧固定，两相邻绝缘遮蔽应有15cm以上重叠 (2) 检查连接是否牢固
	7	中相导线直线改耐张	A组、B组的2号电工操作绝缘斗臂车移至中相合适作业点，由A组、B组各自在两边两侧面对面两头安装悬式绝缘夹，并对新装悬式绝缘子进行绝缘遮蔽。然后在两侧剪断张线夹，在导线两侧卡好卡线器，装好紧线绞，连接卸扣和紧线绞，收紧导线绝缘绞，并将两侧用安全保护绳做好防护工作，A组2号电工向工作负责人汇报各部连接情况及各部连接情况，确定无误后，下令做收线工作。 A组和B组1号电工用紧线绞收紧两侧导线，在两侧选择合适位置剥开绝缘导线，将绝缘引流线固定在绝缘横担上，两组1号电工同时在中相两侧位置挂上绝缘引流线，并检查绝缘确定接线连接牢固。 A组的2号电工用电流表测量绝缘引流线电流，读出电流表电流值，确认通流正常，由A组2号电工向地面工作负责人汇报，工作负责人检查绝缘遮蔽并确认绝缘引流线搭接完好，确认电流值和绝缘引流许可流范围内后，下达开展下一步工作。 A组、B组1号电工同时拆除中相导线上的绝缘遮蔽并对中相柱式绝缘子进行绝缘遮蔽，然后由A组的1号电工用锁住导线，A组1号电工解开中相导线上的锁住导线，然后由A组的1号电工用固定导线夹中并固定，两侧导线剪断开中相导线，两号电工分别在导线自将合适位置用锁扣锁住导线，A组、B组的电工各自将两侧的绝缘紧线绞并拆除绝缘紧线绞、卡线器和导线保护绳，前张线夹上的绝缘夹及绝缘子	(1) 挂在双头瓷拉棒上的绝缘绳套紧套收紧应检查受力情况。 (2) 在引流线接触点做好绝缘遮蔽。 (3) 挂上引流线时前需通知工作负责人，两辆斗臂车作业人员应力求同步。 (4) 引流线的连接点必须牢固可靠。 (5) 引流线必须与未遮蔽部位保持0.4m以上的安全距离。 (6) 检查搭接点对邻相和对地距离是否符合要求。 (7) 松出紧线绞前需对前张线夹进行检查。 (8) 拆除导线紧线绞及绝缘紧线机拆卸不宜过大，要防止止导线松落。 (9) 按照由远到近、从近到远，从大到小，低到高、从高到低原则进行遮蔽，则拆除遮蔽

√	序号	作业内容	作业步骤及标准	安全措施及注意事项
	7	中相导线直线改耐张	A组、B组协同配合用绝缘树脂毯对中相导线进行绝缘遮蔽。 A组、B组2号电工将工作斗调整至合适作业点处，A组、B组电工配合在外边相横担下方约50cm处安装好绝缘横担，并检查连接点是否紧固	
	8	外边相导线直线改耐张	A组、B组的2号电工操作绝缘斗臂车移至外边相合适作业点，由A组、B组电工各自在外边相横担两侧安装悬式绝缘子、金具和耐张线夹，并对新装悬式绝缘子进行绝缘遮蔽。拆除外边相两侧绝缘子两边的绝缘遮蔽，连接卸扣和紧线绞，收紧卡好紧线绞，装好紧线绞，在导线两侧卡好卡线器。导线用安全保护绳做好防护工作，A组2号电工作工作负责人检查各部件的遮蔽情况及各部连接情况，确定无误后，下令做收线工作。 A组和B组电工用紧线绞收紧两侧绝缘引流线，在两侧合适位置选择剥开绝缘子两侧剥开导线，将绝缘引流线固定在绝缘横担固定托槽上。两组斗内的1号电工同时在外边相两侧绝缘引流线连接牢固。挂上绝缘引流线，并检查确定绝缘引流线连接连接正常。 A组的1号电工用电流表测量绝缘引流线电流，读出电流表电流，工作负责人检查确认绝缘引流线搭接好，由A组的2号电工向地面工作负责人汇报，确认通流正常，下达开展下一步工作。 A组1号电工调整绝缘子式绝缘子固定扎线，确定导线开断后的位置，并解开外边相横担式绝缘子固定扎线，两组绝缘斗内的2号电工分别在锁杆合适点扣住导线，然后由A组的1号电工用断线剪断开导线，A组、B组电工各自将剪开导线的两头自放入两侧绝缘紧线绞，卡紧绝缘紧线绞，并拆除绝缘紧线绞。松开导线两头的卸扣及绝缘子。 A组、B组电工配合用绝缘树脂毯将外边相引流线绝缘遮蔽，A组2号电工将工作斗下约50cm处安装好绝缘横担下方约50cm处安装好绝缘横担，并检查连接点是否紧固。A组、B组电工配合在外边相横担，并检查连接点是否紧固。B组电工按照由近至远、由高到低、由大到小的原则拆除绝缘护线夹、绝缘横担，外边相横担、绝缘子上的绝缘遮蔽	(1) 挂在双头瓷拉棒上的绝缘绳套紧收紧导线时应检查受力情况。 (2) 在引流线接触点做好绝缘遮蔽。 (3) 挂上引流线时前需通知工作负责人，两辆斗臂车的工作人员应力求同步。 (4) 引流线的连接点必须牢固可靠。 (5) 引流线必须与未遮蔽部位保持0.4m以上的安全距离。 (6) 检查搭接点对邻相对地距离是否符合要求。 (7) 松出紧线绞前需对前张线夹检查。 (8) 拆除导线紧线绞及绝缘紧线绞机时不宜过大，要防止导线剪断。 (9) 按照由近至远、从大到小、从高到低的原则进行遮蔽。 (10) 按照由远至近、从小到大、从高到低原则拆除遮蔽

√	序号	作业内容	作业步骤及标准	安全措施及注意事项
	9	内边相导线直线改耐张	A组、B组的2号电工操作绝缘斗臂车移至合适内边相合适作业点，由A组、B组电工各自在外边相横担两边安装悬臂式绝缘子，金具和耐张线夹，并对新装悬臂式绝缘子进行绝缘遮蔽。拆除内边相柱式绝缘器，连接卸和紧线绞，收紧导线绝缘绞，在将两侧导线侧卡好卡线器、装好紧线绞做好防护工作，A组2号电工向工作负责人汇报工作情况。工作负责人检查各部的遮蔽情况及各部连接情况，确定无误后，下令做收线工作。 A组和B组耐张线绞收紧两侧导线，在两侧合适位置选择剥开绝缘导线，将绝缘引流线固定在绝缘横担卡槽上。两组电工同时在外边相两侧剥开，将绝缘引流线固定牢固，并检查确定连接牢固。 A组的1号电工用电流表测量绝缘引流线电流，读出电流表电流值，确认通流正常，由A组的2号电工向地面工作负责人汇报，工作负责人检查确认绝缘引流线搭接完好，确认电流值在绝缘引流线准许范围内后，下达开展下一步工作。 A组1号电工调整柱式绝缘子上的绝缘遮蔽，确定导线开断后的位置，并解开外边相柱式绝缘子固定扎线，两组绝缘斗内的2号电工分别在导线的两边用锁牢卡住导线，然后由A组的1号电工用断线剪剪开导线，A组、B组的电工各自将开剪好导线固定并卸下开关。松开导线两侧绝缘的绝缘紧线绞、卡线器和导线保护绳，松开耐张线夹中并固定。 A组、B组的电工配合用绝缘树脂铠将内边相引流绝缘遮蔽，B组电工按照由远至近，由高到低，由小到大的原则拆除内边相横担上的绝缘遮蔽	(1) 挂在双头瓷拉棒上的绝缘套收紧导线时应检查受力情况。 (2) 在引流线接触面做好绝缘遮蔽。 (3) 挂上引流线时前需通知工作负责人，两辆斗臂车的作业人员应求同步。 (4) 引流线的连接必须牢固可靠。 (5) 引流线必须与未遮蔽部位应保持0.4m以上的安全距离。 (6) 检查搭接点对邻相和对地距离是否符合要求。 (7) 松出紧线绞前需对耐张线夹点检查。 (8) 拆除导线紧线绞较时绝缘绞线机动作不宜过大，要防止导线紧线绞线机掉落。 (9) 按照由近至远，从大到小，从低到高的原则进行遮蔽。 (10) 按照由远至近，从小到大、从高到低则拆除遮蔽
	10	安装柱上开关	A组2号电工在合适作业点处，A组1号电工将柱上开关安装至支架正下方。地面电工固定好吊点及带紧吊绳。B组2号电工将调整绝缘吊绳至支架支架上方，A组1号电工安装底脚螺栓及开关接地线。检查确认已固定后，B组2号电工松开吊绳并拆除	(1) 开关下部应邻好调整绳，防止开关碰撞或倾覆。 (2) 起吊开关应缓慢进行，发现吊点不合适应立即调整。 (3) 起吊时应防止开关两侧套管受力造成的破损

序号	作业内容	作业步骤及标准	安全措施及注意事项
11	安装两相边引线	A组2号电工操作绝缘斗臂车至适合作业点处，并在连接处涂上复合电力脂。A组1号电工将三根引线安装至柱上开关，并用绝缘锁杆将引线至臂车至外边相连接线夹，A组1号电工紧固连接线夹。A组2号电工操作绝缘斗臂车至适合作业点处，并用高压绝缘防雨罩。A组2号电工操作绝缘斗臂车至中相连接线夹处，并用绝缘锁杆将引线插入连接线夹内，A组1号电工紧固连接线夹，并外加高压绝缘防雨罩。A组1号电工作绝缘斗臂车至内边相连接线夹处，并用绝缘锁杆将引线插入连接线夹内，A组1号电工紧固连接线夹，并外加高压绝缘防雨罩。B组电工用同样的方法同时对另一端的引线进行搭接	(1) 引线搭接主干线时，速度应该迅速准确。 (2) 引线摆动不能过大，动作仔细小心。 (3) 起引线时，盘成小圆盘后再慢慢提升上去，使其各部位与带电导体保持安全距离
12	拆除三相绝缘引流线	A组2号电工操作绝缘斗臂车至适合作业点处，用电流表测量，并确认已同流。A组、B组1号电工协同操作绝缘引流线至臂车至外边相合作业点处，两组1号电工协同操作绝缘斗臂车至中相合作业点处，A组、B组2号电工协同配合拆除绝缘引流线及绝缘遮蔽，并拆除号横担上的绝缘遮蔽。A组、B组2号电工操作绝缘斗臂车至内边相合作业点处，两组1号电工协同配合拆除绝缘引流线及绝缘横担，并拆除号横担上的绝缘遮蔽	拆引流线时应迅速准确，小心仔细，引流线不能摆动过大，以免引起单相接地或相间短路，并将引流盘成小盘
13	竣工验收	直线改耐张并加装柱上开关作业完成以后，斗内电工检查确认质量符合要求，杆塔上无遗留物，斗内电工报告地面工作负责人工作已经结束，经地面工作负责人同意返回地面	

2.3 作业终结

√	序号	作业终结内容要求项目	备 注
	1	作业人员清理工作现场检查确无问题	
	2	检查工器具、回收材料是否齐全	
	3	工作负责人组织全体作业人员召开收工会	
	4	全体作业人员撤离工作现场，工作负责人向工作许可人汇报，履行工作终结手续	
	5	召开班后会，进行总结。整理资料并归档	

3 验收总结

序号	内 容	
1	验收评价	
2	存在问题及处理意见	

附录 20　不停电断架空线路与空载电缆线路连接引线标准化作业卡

（范本）

2016 年 11 月

1 适用范围

适用于不停电断 10kV 架空线路与空载电缆线路连接引线作业。

2 编制依据

Q/GDW 710—2012《10kV 电缆线路不停电作业技术导则》

Q/GDW 520—2010《10kV 架空配电线路带电作业管理规范》

Q/GDW 519—2010《配电网运行规程》

国家电网安监〔2009〕664 号《国家电网公司电力安全工作规程（线路部分）》

Q/GDW 1811—2012《10kV 带电作业用消弧开关》

3 作业前准备

3.1 准备工作安排

序号	内 容	标 准	备 注
1	现场勘查	（1）工作负责人应提前组织有关人员进行现场勘察，根据勘察结果做出能否进行作业的判断，并确定作业方法及应采取的安全技术措施。 （2）本项目须停用线路重合闸，需履行申请手续。 （3）现场勘查包括下列内容：线路运行方式、杆线状况、设备交叉跨越状况、现场道路是否满足作业要求，能否停放斗臂车，以及存在的作业危险点等	
2	了解现场气象条件	了解现场气象条件，判断是否符合安规对带电作业要求	
3	组织现场作业人员学习作业指导书	掌握整个操作程序，理解工作任务及操作中的危险点及控制措施	
4	办理工作票	工作负责人办理带电作业工作票	

3.2 人员要求

序号	内 容	备 注
1	作业人员应身体健康，无妨碍作业的生理和心理障碍	
2	作业人员经培训合格，持证上岗	
3	操作绝缘斗臂车的人员应经培训合格，持证上岗	
4	作业人员应掌握紧急救护法，特别要掌握触电急救方法	

3.3 工器具

分 类	工具名称	规格/型号	数量	备 注
工作平台	绝缘斗臂车		1辆	
专用工具	带电作业用消弧开关	10kV	1台	分断电容电流能力不小于 5A
	绝缘引流线	10kV	1根	

分　类	工具名称	规格/型号	数量	备　注
防护类	绝缘手套	10kV	2 副	
	防护手套		2 副	
	绝缘手套内衬手套	全棉	2 副	
	全套绝缘服	10kV	2 副	包括绝缘上衣（袖套、披肩）、绝缘裤
	绝缘鞋（靴）	10kV	2 双	
	护目镜		2 副	
	安全带		2 副	
	绝缘安全帽	10kV	2 顶	
	普通安全帽		3 顶	
绝缘遮蔽	绝缘毯	10kV	15 块	
	导线遮蔽罩	10kV	6 个	
	绝缘毯夹		30 个	
	绝缘子遮蔽罩	10kV	3 个	
	引线遮蔽罩	10kV	6 个	
	绝缘挡板		2 块	
操作类	绝缘导线剥皮器		1 个	
	绝缘操作杆	10kV	1 根	
	断线剪		1 把	
仪器仪表	钳形电流表		1 块	
	绝缘电阻测试仪	2500V 及以上	1 台	
	温湿度仪		1 块	
	风速仪		1 块	
	验电器	10kV	1 支	
个人工器具	钳子		2 把	
	活络扳手		2 把	
	电工刀		2 把	
	螺丝刀		2 把	
其他	对讲机		4 个	
	防潮垫或毡布		2 块	
	安全警示带（牌）		若干	根据现场实际情况确定
	斗外工具箱		1 个	
	绝缘钩		1 个	
	斗外工具袋		1 个	
	绝缘绳		1 根	

3.4 危险点分析

序号	内 容
1	工作监护人违章兼做其他工作或监护不到位，使作业人员失去监护
2	电缆未处于空载状态，带负荷断电缆引线，引发事故
3	不停电作业人员穿戴防护用具不规范，造成触电伤害
4	作业人员未按规定进行绝缘遮蔽或遮蔽不规范，造成触电伤害
5	断电缆引线时，引线脱落造成接地或相间短路事故
6	高空落物，造成人员伤害。斗内作业人员不系安全带，造成高空坠落
7	作业人员与设备未保持规定的安全距离，造成触电伤害
8	作业人员同时接触不同电位或串入电路，造成触电伤害
9	行车违反交通法规，引发交通事故，造成人员伤害

3.5 安全措施

序号	内 容
1	专责监护人应履行监护职责，不得兼做其他工作，要选择便于监护的位置，监护的范围不得超过一个作业点
2	作业人员应听从工作负责人指挥
3	断电缆引线之前，应采用测量空载电流、到电缆末端确认负荷已断开等方式确认电缆处于空载状态
4	作业现场及工具摆放位置周围应设置安全围栏、警示标志，防止行人及其他车辆进入作业现场
5	根据地形地貌和作业项目，将斗臂车定位于合适作业位置。不得在坡度大于5°的路面上操作斗臂车。支腿应支在硬实路面上，不平整路面应铺垫支腿垫板，避免将支腿置于沟槽边缘，盖板之上，防止斗臂车在使用中侧翻
6	绝缘斗臂车在使用前应空斗试操作，确认各系统工作正常，制动装置可靠。工作臂下有人时，不得操作斗臂车。工作臂升降回转的路径，应避开临近的电力线路、通信线路、树木及其他障碍物
7	不停电作业过程中，斗内作业人员应始终穿戴防护用具（包括护目镜），保持人体与邻相带电体及接地体的安全距离
8	应对作业范围内的带电体和接地体等所有设备进行遮蔽
9	绝缘导线应进行遮蔽
10	应采用绝缘操作杆进行消弧开关的开、合操作
11	对不规则带电部件和接地部件采用绝缘毯进行绝缘遮蔽，并可靠固定。遮蔽用具之间重叠部分不小于15cm

序号	内　　容
12	在不停电作业过程中如设备突然停电，作业人员应视设备仍然带电
13	断电缆引线时，应采取防摆动措施，要保持与人体、邻相及接地体之间的安全距离
14	上下传递物品必须使用绝缘绳索，严禁高空抛物。尺寸较长的部件，应用绝缘传递绳捆扎牢固后传递。工作过程中，工作点下方禁止站人。斗内作业人员应系好安全带，传递多件绝缘工具时，应分件传递
15	严格遵守交通法规，安全行车

3.6　作业分工

序号	作业人员	作业内容
1	不停电作业工作负责人（监护人）1 名	全面负责不停电作业安全，并履行工作监护
2	斗内电工 1~2 名	负责安全完成不停电断电缆引线工作
3	地面电工 1 名	配合斗内电工

4　作业程序

4.1　现场复勘

序号	内　　容	备　注
1	确认待断开电缆引线处于空载状态	
2	确认电杆、拉线基础完好，拉线无腐蚀情况，线路设备及周围环境满足作业条件	
3	确认现场气象条件满足作业要求	

4.2　作业内容及标准

序号	作业步骤	作业内容	标　　准	备注
1	开工	（1）工作负责人与调度值班员联系。 （2）工作负责人发布开始工作的命令	（1）工作负责人与调度值班员履行许可手续，确认重合闸已停用。 （2）工作负责人向作业人员宣读工作票，布置工作任务、明确人员分工、作业程序、现场安全措施、进行危险点告知，并履行确认手续	
2	检查	（1）在作业现场设置安全围栏和警示标志。 （2）检查电杆、拉线及周围环境。 （3）检查绝缘工具、防护用具。 （4）绝缘工具绝缘性能检测	（1）安全围栏和警示标志满足规定要求。 （2）绝缘工具、防护用具性能完好，并在试验周期内。 （3）使用绝缘电阻检测仪将绝缘工具进行分段绝缘检测。绝缘电阻值不低于 700MΩ	

序号	作业步骤	作业内容	标　准	备注
3	操作绝缘斗臂车	(1) 绝缘斗臂车进入工作现场，定位于合适工作位置并装好接地线。 (2) 操作绝缘斗臂车空斗试操作，确认液压传动、回转、升降、伸缩系统工作正常、操作灵活，制动装置可靠。 (3) 斗内电工穿戴好安全防护用具，经工作负责人检查无误后，进入工作斗。 (4) 升起工作斗，定位到合适作业的位置	(1) 根据地形地貌和作业项目，将斗臂车定位于合适的作业位置。 (2) 装好车辆接地线。 (3) 打开斗臂车的警示灯，斗臂车前后应设置警示标识。 (4) 不得在坡度大于 5°的路面上操作斗臂车。 (5) 操作取力器前，应检查各个开关及操作杆应在中位或在 OFF（关）的位置。 (6) 在寒冷的天气，使用前应先使液压系统加温，低速运转不小于 5min。 (7) 支腿应支在硬实路面上，在不平整路面，应铺垫专用支腿垫板。 (8) 支起支腿时，应按照从前到后的顺序进行，使支腿可靠支撑，轮不承载，车身水平。松开上臂绑带，选定工作臂的升降回转路径进行空斗试操作，应避开临近的电力线路、通信线路、树木及其他障碍物。 (9) 斗内电工穿戴全套安全防护用具，经工作负责人检查合格后携带遮蔽用具和作业工具进入工作斗，系好安全带。 (10) 工作臂下有人时，不得操作斗臂车。 (11) 绝缘斗的起升、下降操作应平稳，升降速度不应大于 0.5m/s；回转时，绝缘斗外缘的线速度不应大于 0.5m/s	
4	绝缘遮蔽	斗内电工对作业范围内的所有带电体和接地体进行绝缘遮蔽	(1) 在接近带电体过程中，应使用验电器从下方依次验电。 (2) 对带电体设置绝缘遮蔽时，按照从近到远的原则，从离身体最近的带电体依次设置；对上下多回分布的带电导线设置遮蔽用具时，应按照从下到上的原则，从下层导线开始依次向上层设置；对导线、绝缘子、横担的设置次序是按照从带电体到接地体的原则，先放导线遮蔽罩，再放绝缘子遮蔽罩、然后对横担进行遮蔽。 (3) 使用绝缘毯时应用绝缘夹夹紧，防止脱落。遮蔽用具之间的重叠部分不得小于 15cm。 (4) 对在工作斗升降中可能触及范围内的低压带电部件也需进行遮蔽	

序号	作业步骤	作业内容	标　　准	备注
5	施工	（1）用钳形电流表逐相测量三相电缆电流。 （2）检查消弧开关处于断开位置。 （3）将消弧开关固定在导线上。 （4）将绝缘引流线与消弧开关连接。 （5）将绝缘引流线与同相位电缆引线连接。 （6）检查无误后，合上消弧开关。 （7）测量绝缘引流线的分流情况。 （8）拆除电缆引线，并将拆开的引线固定并遮蔽好。 （9）断开消弧开关。 （10）拆除绝缘引流线，取下消弧开关，该相工作结束。 （11）按上述顺序断开其他两相电缆引线	（1）每相电流应小于5A，待断开电缆长度应小于3km。 （2）挂消弧开关前，应先将绝缘导线挂接处绝缘层剥离。 （3）消弧开关与绝缘引流线应连接牢固。 （4）断开电缆线路引线前，应先合上消弧开关，并确认消弧开关回路通流良好。 （5）断电缆引线时应将引线固定牢固、防止摆动。 （6）合消弧开关前、拆除电缆引线前须经工作监护人同意后方可进行。 （7）绝缘导线在消弧开关拆除后须进行防水处理。 （8）三相引线拆除，按照先近（内侧）后远（外侧），或根据现场情况先两侧、后中间。 （9）在电缆线路引线拆开后未挂接地线前，已拆下的电缆线路引线均视为有电，严禁徒手触摸，应及时进行遮蔽。 （10）在接触带电导线前应得到工作监护人的许可。 （11）作业时，严禁人体同时接触两个不同的电位	
6	拆除绝缘遮蔽	拆除绝缘遮蔽，斗内电工返回地面	（1）上下传递工具、材料均应使用绝缘绳传递，严禁抛、扔。 （2）得到工作负责人的许可后，按照从远到近、从上到下的顺序逐次拆除绝缘遮蔽。 （3）防止高空落物伤人	
7	施工质量检查	（1）斗内电工检查作业质量。 （2）工作负责人检查作业质量	全面检查作业质量，无遗漏的工具、材料等	
8	完工	工作负责人检查工作现场	工作负责人全面检查工作完成情况	

4.3　竣工

序号	内　　容
1	工作负责人全面检查工作完成情况无误后，组织清理现场及工具
2	通知值班调度员，工作结束，恢复停用的重合闸
3	终结工作票

5　验收总结

序号	检修总结	
1	验收评价	
2	存在问题及处理意见	

6　指导书执行情况评估

评估内容	符合性	优		可操作项	
		良		不可操作项	
	可操作性	优		修改项	
		良		遗漏项	
存在问题					
改进意见					

附录 21　不停电接架空线路与空载电缆线路连接引线标准化作业卡

（范本）

2016 年 11 月

1 适用范围

适用于不停电接 10kV 架空线路与空载电缆线路连接引线作业。

2 编制依据

Q/GDW 710—2012《10kV 电缆线路不停电作业技术导则》

Q/GDW 520—2010《10kV 架空配电线路带电作业管理规范》

Q/GDW519—2010《配电网运行规程》

国家电网安监〔2009〕664 号《国家电网公司电力安全工作规程（线路部分）》

Q/GDW1811—2012《10kV 带电作业用消弧开关》

3 作业前准备

3.1 准备工作安排

序号	内　容	标　准	备　注
1	现场勘查	（1）工作负责人应提前组织有关人员进行现场勘察，根据勘察结果做出能否进行作业的判断，并确定作业方法及应采取的安全技术措施。 （2）本项目须停用线路重合闸，需履行申请手续。 （3）现场勘查包括下列内容：线路运行方式、杆线状况、设备交叉跨越状况、作业现场道路是否满足施工要求，能否停放斗臂车，以及存在的作业危险点等	
2	了解现场气象条件	了解现场气象条件，判断是否符合安规对不停电作业要求	
3	组织现场作业人员学习作业指导书	掌握整个操作程序，理解工作任务及操作中的危险点及控制措施	

3.2 人员要求

序号	内　容	备　注
1	作业人员应身体健康，无妨碍作业的生理和心理障碍	
2	作业人员经培训合格，持证上岗	
3	操作绝缘斗臂车的人员应经培训合格，持证上岗	
4	作业人员应掌握紧急救护法，特别要掌握触电急救方法	

3.3 工器具

序号	分类	工具名称	规格/型号	数量	备注
1	主要作业车辆	绝缘斗臂车		1辆	
2	专用工具	不停电作业用消弧开关	10kV	1台	分断电容电流能力不小于5A
		绝缘引流线	10kV	1根	

序号	分类	工具名称	规格/型号	数量	备注
3	绝缘防护用具	绝缘手套	10kV	2 副	
		防护手套		2 副	
		全套绝缘服	10kV	2 副	包括绝缘上衣（袖套、披肩）、绝缘裤
		绝缘鞋（靴）	10kV	2 双	
		护目镜		2 副	
		安全带		2 副	
		绝缘安全帽	10kV	2 顶	
		普通安全帽		3 顶	
4	绝缘遮蔽用具	绝缘毯	10kV	15 块	
		导线遮蔽罩	10kV	6 个	
		绝缘毯夹		30 个	
		绝缘子遮蔽罩	10kV	3 个	
		引线遮蔽罩	10kV	6 个	
		绝缘挡板		2 块	
5	绝缘操作工具	绝缘导线剥皮器		1 个	
		绝缘操作杆	10kV	1 根	
		断线剪		1 把	
6	仪器仪表	钳形电流表		1 块	
		绝缘电阻测试仪	2500V 及以上	1 台	
		温湿度仪		1 块	
		风速仪		1 块	
		验电器	10kV	1 支	
7	个人工器具	钳子		2 把	
		活络扳手		2 把	
		电工刀		2 把	
		螺丝刀		2 把	
8	其他辅助工具	对讲机		4 个	
		防潮垫或毡布		2 块	
		安全警示带（牌）		若干	根据现场实际情况确定
		斗外工具箱		1 个	
		绝缘钩		1 个	
		斗外工具袋		1 个	
		绝缘绳		1 根	

3.4 危险点分析

序号	内　　容
1	工作监护人违章兼做其他工作或监护不到位，使作业人员失去监护
2	不停电作业人员穿戴防护用具不规范，造成触电伤害
3	作业人员未按规定进行绝缘遮蔽或遮蔽不严密，造成触电伤害
4	电缆线路未空载，带负荷接电缆引线，引发事故
5	接电缆引线时，引线脱落造成接地或相间短路事故
6	高空落物，造成人员伤害。斗内作业人员不系安全带，造成高空坠落
7	与设备未保持规定的安全距离，造成触电伤害
8	作业人员同时接触不同电位或串入电路，造成触电伤害
9	行车违反交通法规，引发交通事故，造成人员伤害

3.5 安全措施

序号	内　　容
1	专责监护人应履行监护职责，不得兼做其他工作，要选择便于监护的位置，监护的范围不得超过一个作业点
2	作业人员应听从工作负责人指挥
3	作业现场及工具摆放位置周围应设置安全围栏、警示标志，防止行人及其他车辆进入作业现场
4	根据地形地貌和作业项目，将斗臂车定位于合适的作业位置。不得在坡度大于5°的路面上操作斗臂车。支腿应支在硬实路面上，不平整路面应铺垫专用支腿垫板，避免将支腿置于沟槽边缘，盖板之上，防止斗臂车在使用中侧翻
5	绝缘斗臂车在使用前应空斗试操作，确认各系统工作正常，制动装置可靠。工作臂下有人时，不得操作斗臂车。工作臂升降回转的路径，应避开临近的电力线路、通信线路、树木及其他障碍物
6	接电缆引线之前，应采用到电缆末端确认负荷已断开等方式确认电缆处于空载状态，并对电缆引线验电，确认无电
7	接入一相电缆引线后，若测量空载电缆电流大于5A时，或对其余两相电缆引线进行验电显示有电，应立刻终止工作；确认负荷断开后，方可进行工作
8	不停电作业过程中，作业人员应始终穿戴齐全防护用具（包括护目镜）。保持人体与邻相带电体及接地体的安全距离
9	应对作业范围内的带电体和接地体等所有设备进行遮蔽
10	绝缘导线应进行遮蔽
11	应采用绝缘操作杆进行消弧开关的开、合操作
12	对不规则带电部件和接地部件采用绝缘毯进行绝缘遮蔽，并可靠固定。遮蔽用具之间重叠部分不小于15cm

序号	内 容
13	在不停电作业过程中如设备突然停电,作业人员应视设备仍然带电
14	接电缆引线时,应采取防摆动措施,要保持与人体、邻相及接地体的安全距离
15	上下传递物品必须使用绝缘绳索,严禁高空抛物。尺寸较长的部件,应用绝缘传递绳捆扎牢固后传递。工作过程中,工作点下方禁止站人。斗内作业人员应系好安全带,传递多件绝缘工具,应分件传递
16	严格遵守交通法规,安全行车

3.6 作业分工

序号	作业人员	作业内容
1	不停电作业工作负责人(监护人)1名	全面负责不停电作业安全,并履行工作监护
2	斗内电工1~2名	负责安全完成不停电接电缆引线工作
3	地面电工1名	配合斗内电工

4 作业程序

4.1 现场复勘

序号	内 容	备 注
1	确认待接入电缆引线处于空载状态	
2	确认电杆、拉线基础完好,拉线无腐蚀情况,线路设备及周围环境满足作业条件	
3	确认现场气象条件满足作业要求	

4.2 作业内容及标准

序号	作业步骤	作业内容	标 准	备注
1	开工	(1)工作负责人与调度值班员联系。 (2)工作负责人发布开始工作的命令	(1)工作负责人与调度值班员履行许可手续,确认重合闸已停用。 (2)工作负责人应分别向作业人员宣读工作票,布置工作任务、明确人员分工、作业程序、现场安全措施、进行危险点告知,并履行确认手续	
2	检查	(1)在作业现场设置安全围栏和警示标志。 (2)检查电杆、拉线及周围环境。 (3)检查绝缘工具、防护用具。 (4)绝缘工具绝缘性能检测	(1)安全围栏和警示标志满足规定要求。 (2)电杆、拉线基础完好,拉线无腐蚀情况,线路设备及周围环境满足作业条件。 (3)绝缘工具、防护用具性能完好,并在试验周期内。 (4)使用绝缘电阻检测仪将绝缘工具进行分段绝缘检测。绝缘电阻值不低于700MΩ	

序号	作业步骤	作业内容	标　准	备注
3	操作绝缘斗臂车	（1）绝缘斗臂车进入工作现场，定位于合适工作位置并装好接地线。 （2）操作绝缘斗臂车空斗试操作，确认液压传动、回转、升降、伸缩系统工作正常、操作灵活，制动装置可靠。 （3）斗内电工穿戴好安全防护用具，经工作负责人检查无误后，进入工作斗。 （4）升起工作斗，定位到便于作业的位置	（1）根据地形地貌和作业项目，将斗臂车定位于合适的作业位置。 （2）装好车辆接地线。 （3）打开斗臂车的警示灯，斗臂车前后应设置警示标识。 （4）不得在坡度大于5°的路面上操作斗臂车。 （5）操作取力器前，应检查各个开关及操作杆应在中位或在 OFF（关）的位置。 （6）在寒冷的天气，使用前应先使液压系统加温，低速运转不小于 5min。 （7）支腿应支在硬实路面上，在不平整地面，应铺垫专用支腿垫板。 （8）支起支腿时，应按照从前到后的顺序进行，使支腿可靠支撑，轮胎不承载，车身水平。 （9）松开上臂绑带，选定工作臂的升降回转路径进行空斗试操作，应避开临近的电力线路、通信线路、树木及其他障碍物。 （10）斗内电工穿戴全套安全防护用具，经工作负责人检查合格后携带遮蔽用具和作业工具进入工作斗，系好安全带。 （11）工作臂下有人时，不得操作斗臂车。 （12）绝缘斗的起升、下降操作应平稳，升降速度不应大于 0.5m/s；回转时，绝缘斗外缘的线速度不应大于 0.5m/s	
4	绝缘遮蔽	（1）对空载电缆等设备进行验电。 （2）斗内电工对空载电缆引线进行遮蔽。 （3）斗内电工对作业范围内的所有带电体和接地体进行绝缘遮蔽	（1）在接近带电体过程中，应使用验电器从下方依次验电。 （2）对带电体设置绝缘遮蔽时，按照从近到远的原则，从离身体最近的带电体依次设置；对上下多回分布的带电导线设置遮蔽用具时，应按照从下到上的原则，从下层导线开始依次向上层设置；对导线、绝缘子、横担的设置次序是按照从带电体到接地体的原则，先放导线遮蔽罩，再放绝缘子遮蔽罩，然后对横担进行遮蔽。 （3）使用绝缘毯时应用绝缘夹夹紧，防止脱落。搭接的遮蔽用其重叠部分不得小于 15cm。 （4）对在工作斗升降中可能触及范围内的低压带电部件也需进行遮蔽	

序号	作业步骤	作业内容	标　准	备注
5	施工	（1）在引线搭接处将导线绝缘层剥除。 （2）用绝缘操作杆测量三相引线长度，根据长度做好搭接的准备工作，绝缘导线引线需剥除绝缘层。 （3）将绝缘斗调整到内侧导线下，展开内侧电缆引线，先清除搭接处导线上的氧化层，在对导线、引线搭接处涂上导电脂，直至符合接续要求。 （4）检查消弧开关处于断开位置。 （5）将消弧开关挂在内侧导线上，并将绝缘引流线与消弧开关连接。 （6）将绝缘引流线与同相位电缆引线连接。 （7）检查无误后，合上消弧开关。 （8）测量空载电缆电容电流情况。 （9）将电缆引线搭接至架空线路接续处。 （10）测量电缆引线分流情况。 （11）断开消弧开关。 （12）拆除绝缘引流线，取下消弧开关，此项工作结束。 （13）按上述顺序搭接其他两相电缆引流线	（1）挂消弧开关前，如是绝缘导线应先将挂接处绝缘层剥离。 （2）消弧开关上下两引流线应连接牢固。 （3）消弧开关引流线连接位置应设置绝缘遮蔽。 （4）带电作业时，对地距离应不小于0.4m，对邻相导线应不小于0.6m。如不能确保该安全距离时，应采取绝缘遮蔽措施。 （5）搭接电缆线路引线前，应先合上消弧开关，并确认消弧开关回路通流良好。 （6）测量空载电缆电流大于5A时，或其余两相未连接电缆引线进行验电显示有电后，应立刻终止工作；确认负荷断开后，方可进行工作。 （7）合消弧开关前、搭接电缆线路引线前，须经工作监护人同意后方可进行。 （8）第一相电缆线路引线与架空线路导线连接后，其余引线（包括导线），应视为有电，并进行绝缘遮蔽。 （9）绝缘导线在消弧开关拆除后须进行防水处理。 （10）三相引线搭接，可按先远（外侧）后近（内侧），或根据现场情况先中间、后两侧。 （11）在接触带电导线前应得到工作监护人的许可。 （12）作业时，严禁人体同时接触两个不同的电位的物体	
6	拆除绝缘遮蔽	拆除绝缘遮蔽，斗内电工返回地面	（1）上下传递工具、材料均应使用绝缘绳，严禁抛、扔。 （2）得到工作负责人的许可后，从远到近、从上到下的顺序逐次拆除绝缘遮蔽。 （3）防止高空落物伤人	
7	施工质量检查	（1）斗内电工检查作业质量。 （2）工作负责人检查作业质量	全面检查作业质量，无遗漏的工具、材料等	
8	完工	工作负责人检查工作现场	工作负责人全面检查工作完成情况	

4.3 竣工

序号	内　　容
1	工作负责人全面检查工作完成情况无误后，组织清理现场及工具
2	通知值班调度员，工作结束，恢复停用的重合闸
3	终结工作票

5 验收总结

序号	检修总结	
1	验收评价	
2	存在问题及处理意见	

6 指导书执行情况评估

评估内容	符合性	优		可操作项	
		良		不可操作项	
	可操作性	优		修改项	
		良		遗漏项	
存在问题					
改进意见					

附录 22　从架空线路临时取电给环网柜（移动箱变）供电标准化作业卡

（范本）

2016 年 11 月

1 适用范围

适用于从架空线路临时取电给环网柜（移动箱变）供电作业。

给环网柜供电主要是从运行线路取电给故障或计划停电的线路供电；给移动箱变供电主要是为低压用户供电。

2 编制依据

Q/GDW 710—2012《10kV 电缆线路不停电作业技术导则》

Q/GDW 520—2010《10kV 架空配电线路带电作业管理规范》

Q/GDW 519—2010《配电网运行规程》

国家电网安监〔2009〕664 号《国家电网公司电力安全工作规程（线路部分）》

Q/GDW 249—2009《10kV 旁路作业设备技术条件》

Q/GDW 1812—2012《10kV 旁路电缆连接器使用导则》

3 作业前准备

3.1 准备工作安排

序号	内 容	标 准	备 注
1	现场勘察	（1）现场总工作负责人应提前组织有关人员进行现场勘察，根据勘察结果做出能否进行不停电作业的判断，并确定作业方法及应采取的安全技术措施。 （2）本项目须停用线路重合闸，需履行申请手续。 （3）现场勘查包括下列内容：线路运行方式、杆线状况、设备交叉跨越状况、作业现场道路是否满足施工要求能否停放斗臂车，旁路运输车、展放旁路柔性电缆。环网柜间隔是否完好，以及存在的作业危险点等。 （4）确认负荷电流小于200A，超过200A应提前转移或减少负荷	
2	了解现场气象条件	了解现场气象条件，判断是否符合安规对不停电作业要求	
3	组织现场作业人员学习作业指导书	掌握整个操作程序，理解工作任务及操作中的危险点及控制措施	
4	工作牌	办理不停电作业工作票；办理电缆第一种工作票；办理倒闸操作票	

3.2 人员要求

序号	内 容	备 注
1	作业人员应身体健康，无妨碍作业的生理和心理障碍	
2	作业人员经培训合格，持证上岗	
3	操作绝缘斗臂车的人员应经培训合格，持证上岗	
4	作业人员应掌握紧急救护法，特别要掌握触电急救方法	

3.3 工器具

序号	分类	工具名称	规格/型号	单位	数量	备 注
1	主要作业车辆	绝缘斗臂车			1辆	
		移动箱变车		1辆	1辆	临时取电给移动箱变供电作业用
		旁路电缆展放车			1辆	
		设备运输车			1辆	
2	绝缘防护用具	绝缘手套	10kV		2副	
		防护手套			2副	
		绝缘服（袖套、披肩）	10kV		2副	
		绝缘鞋（靴）	10kV		2双	
		护目镜			2副	
		安全带			1副	登杆用
		安全带			2副	斗内电工用
		绝缘安全帽	10kV		2顶	
		普通安全帽			若干	
		脚扣			1副	
3	绝缘遮蔽用具	绝缘毯	10kV		6块	
		导线遮蔽罩	10kV		6个	
		绝缘毯夹			10个	
4	绝缘操作工具	绝缘导线剥皮器			1个	
		绝缘操作杆	10kV		1副	分、合旁路开关用
		绝缘放电杆及接地线			1副	
5	个人工器具	钳子			2把	
		活络扳手			2把	
		电工刀			2把	
		螺丝刀			2把	
6	辅助工具	对讲机			4个	
		防潮垫或毡布			2块	
		安全警示带（牌）			10套	
		斗外工具箱			1个	
		绝缘S钩			1个	
		斗外工具袋			1个	
		绝缘绳			9条	

序号	分类	工具名称	规格/型号	单位	数量	备 注
7	旁路作业设备	旁路电缆	10kV		若干	与架空线和环网柜连接
		旁路电缆终端	10kV		若干	
		旁路电缆连接器	10kV		若干	
		旁路负荷开关	10kV/200A		1台	
		旁路负荷开关固定器			1个	
		余缆杆上支架			1个	
		旁路电缆保护盒			若干	
		旁路电缆连接器保护盒			若干	
		绑扎绳			若干	
		绝缘自黏带			若干	
8	仪器仪表	钳形电流表			1块	
		核相仪			1块	
		绝缘电阻测试仪	2500V及以上		1台	
		温湿度仪			1块	
		风速仪			1块	
		验电器	10kV		1支	

3.4 危险点分析

序号	内 容
1	不停电作业专责监护人违章兼做其他工作或监护不到位，使作业人员失去监护
2	作业现场未设专人负责指挥施工，作业现场混乱，安全措施不齐全
3	旁路电缆设备投运前未进行外观检查及绝缘性能检测，因设备损伤或有缺陷未及时发现造成人身、设备事故
4	起吊开关前未有效验斗臂车荷载，造成起斗臂车倾覆或损坏
5	开关起吊吊绳未挂牢、开关安装不牢固，造成开关坠落
6	不停电作业人员穿戴防护用具不规范，造成触电伤害
7	作业人员未按规定进行绝缘遮蔽或遮蔽不严密，造成触电伤害
8	断、接旁路电缆引线时，引线脱落造成接地或相间短路事故
9	敷设旁路电缆未设置防护措施及安全围栏，发生行人车辆踩压，造成电缆损伤
10	地面敷设电缆被重型车辆碾压，造成电缆损伤
11	旁路电缆屏蔽层未在环网柜或旁路负荷开关外壳等地方进行两点及以上接地，屏蔽层存在感应电压，造成人身伤害
12	三相旁路电缆未绑扎固定，电缆线路发生短路故障时发生摆动
13	环网柜开关误操作（间隔错误、顺序错误），造成设备发生相地、相间短路事故
14	敷设旁路作业设备时，旁路电缆、旁路电缆连接器、旁路负荷开关的连接时未核对分相标志，导致接线错误

序号	内　　容
15	敷设旁路电缆方法错误，旁路电缆与地面摩擦，导致旁路电缆损坏
16	旁路电缆设备绝缘检测后，未进行整体放电或放电不完全，引发人身触电伤害
17	拆除旁路作业设备前未进行整体放电或放电不完全，引发人身触电伤害
18	旁路电缆敷设好后未按要求设置好保护盒
19	高空落物，造成人员伤害。斗内作业人员不系安全带，造成高空坠落
20	仪表与带电设备未保持安全距离造成工作人员触电伤害
21	旁路作业前未检测确认待检修线路负荷电流，负荷电流大于200A造成设备过载
22	旁路作业设备投入运行前，未进行核相造成短路事故
23	恢复原线路供电前，未进行核相造成短路事故
24	行车违反交通法规，引发交通事故，造成人员伤害

3.5　安全措施

序号	内　　容
1	专责监护人应履行监护职责，不得兼做其他工作，要选择便于监护的位置，监护的范围不得超过一个作业点
2	旁路作业现场应有专人负责指挥施工，多班组作业时应做好现场的组织、协调工作。作业人员应听从工作负责人指挥
3	作业现场及工具摆放位置周围应设置安全围栏、警示标志，防止行人及其他车辆进入作业现场
4	根据地形地貌和作业项目，将斗臂车定位于合适的作业位置。不得在坡度大于5°的路面上操作斗臂车。支腿应支在硬实路面上，不平整地面应铺垫专用支腿垫板，避免将支腿置于沟槽边缘，盖板之上，防止斗臂车在使用中侧翻
5	绝缘斗臂车在使用前应空斗试操作，确认各系统工作正常，制动装置可靠，车体良好接地。工作臂下有人时，不得操作斗臂车。工作臂升降回转的路径，应避开临近的电力线路、通信线路、树木及其他障碍物
6	起吊开关前效验是否满足斗臂车起吊荷载，检查各部件连接可靠；如使用吊车起吊开关，吊索起吊范围内应对带电体进行双重绝缘遮蔽，车体应良好接地。开关安装好后应检查是否牢固可靠在拆除开关起吊绳
7	不停电作业过程中，作业人员应始终穿戴齐全防护用具。保持人体与邻相带电体及接地体的安全距离
8	应对作业范围内的带电体和接地体等所有设备进行遮蔽
9	绝缘导线应进行遮蔽
10	对不规则带电部件和接地部件采用绝缘毯进行绝缘遮蔽，并可靠固定。搭接的遮蔽用具其重叠部分不小于15cm
11	在不停电作业过程中如设备突然停电，作业人员应视设备仍然带电。作业过程中绝缘工具金属部分应与接地体保持足够的安全距离
12	敷设旁路电缆时，须由多名作业人员配合使旁路电缆离开地面整体敷设，防止旁路电缆与地面摩擦。旁路电缆连接器应按规定要求涂绝缘硅脂
13	断、接旁路电缆引线时，要保持带电体与人体、邻相及接地体的安全距离

序号	内　容
14	旁路开关应编号
15	操作之前应核对开关编号及状态
16	严格按照倒闸操作票进行操作，并执行唱票制
17	旁路系统连接好后，合上开关，进行绝缘电阻检测；测量完毕后应进行放电，并断开旁路开关
18	敷设旁路电缆时应设围栏。在路口应采用过街保护盒或架空敷设
19	三相旁路电缆应分段绑扎固定
20	旁路作业设备使用前应进行外观检查并对组装好的旁路作业设备（旁路电缆、旁路电缆连接器、旁路负荷开关等）进行绝缘电阻检测，合格后方可投入使用，旁路开关外壳应可靠接地
21	旁路作业设备的旁路电缆、旁路电缆连接器、旁路负荷开关的连接应核对分相标志，保证相位色的一致
22	旁路电缆运行期间，应派专人看守、巡视，防止行人碰触，防止重型车辆碾压
23	拆除旁路作业设备前，应充分放电
24	上下传递物品必须使用绝缘绳索，严禁高空抛物。尺寸较长的部件，应用绝缘传递绳捆扎牢固后传递。工作过程中，工作点下方禁止站人。斗内作业人员应系好安全带，传递绝工具时，应一件一件地分别传递
25	旁路作业设备额定通流能力为200A，作业前需检测确认待检修线路负荷电流不大于200A
26	旁路作业设备投入运行前，必须进行核相，确认相位正确
27	恢复原线路供电前，必须进行核相，确认相位正确方可实施
28	严格遵守交通法规，安全行车

3.6　作业分工

序号	作业人员	人　数	作业内容
1	现场总工作负责人	1人	全面负责现场作业
2	小组工作负责人（兼监护人）	视现场工作班组数量	负责各小组作业安全，并履行工作监护
3	带电作业工作组	视现场工作情况	负责带电断、接旁路电缆与架空线连接引线、安装柱上旁路开关工作
4	电缆不停电作业组	视现场工作情况	负责敷设及回收旁路电缆工作、负责电缆接头作业和核相工作
5	倒闸操作组	视现场工作情况	负责开关的倒闸操作

4　作业程序

4.1　现场复勘

序号	内　容	备　注
1	确认电缆及架空线路设备及周围环境满足作业条件	
2	确认现场气象条件满足作业要求	

4.2 作业内容及标准

序号	作业步骤	作业内容	标 准	备注
1	开工	(1) 现场总工作负责人与调度值班员联系。 (2) 现场总工作负责人发布开始工作的命令。	(1) 现场总工作负责人与调度值班员履行许可手续，确认重合闸已停用。 (2) 现场总工作负责人应分别向作业人员宣读工作票，布置工作任务，明确人员分工、作业程序，现场安全措施，进行危险点告知，并履行确认手续。 (3) 现场工作负责人发布开始工作的命令。	
2	检查	(1) 在作业现场设置安全围栏和警示标志。 (2) 作业人员检查电杆、拉线及周围环境。 (3) 检查绝缘工具，防护用具。 (4) 检查绝缘工具绝缘性能检测。 (5) 对旁路设备进行外观检查。 (6) 检查确认待接电环网柜间隔设施完好。 (7) 检查确认待检修线路负荷电流小于200A。	(1) 安全围栏和警示标志满足规定要求。 (2) 电杆、拉线基础完好，拉线无腐蚀情况，并在试验周期内。 (3) 绝缘工具，防护用具性能完好。 (4) 使用绝缘电阻检测仪将绝缘工具进行分段绝缘检测。绝缘电阻值不低于700MΩ。 (5) 检查旁路电缆的外护套是否有机械性损伤；电缆接头与电缆的连接部位是否有折断现象；检查电缆接头外表面是否有机械性损伤。 (6) 确认环网柜间隔设施完好。 (7) 旁路作业设备额定通流能力为200A，作业前需检测确认接入线路负荷电流不大于200A。	
3	操作绝缘斗臂车	(1) 绝缘斗臂车进入工作现场，定位于合适的工作位置并装好接地线。如使用吊车起吊开关、吊车进入工作现场，定位于最佳工作位置并装好接地线。 (2) 操作绝缘斗臂车空斗试操作，确认液压传动、回转、升降，伸展系统正常，操作灵活，制动装置可靠。 (3) 斗内电工穿戴好安全防护用具，经绝缘斗臂车工作负责人检查无误后，进入工作斗。 (4) 开启斗臂车，定位到便于作业的位置。	(1) 根据地形地貌和作业项目，将斗臂车定位于合适的作业位置。 (2) 装好（车用）接地线。 (3) 打开斗臂车的警示灯，斗臂车前后应设置警示标识。 (4) 不得在坡度大于5°的路面上操作。 (5) 操作取力器前，应检查各个开关及操作系统是否在中位或在OFF（关）的位置。 (6) 在寒冷的天气，使用前应先使液压系统加温，低速运转不小于5min。 (7) 支腿应支在坚实路面上，在不平整地面，应铺垫专用支腿垫板。 (8) 支起支腿时，应按照从前到后的顺序进行，使支腿可靠支撑，轮胎不承载，车身水平。 (9) 松开上臂绑带，选定工臂的升降回转路径进行空试操作，应避开临近电力线路、通信线路、树木及其他障碍物。 (10) 斗内电工穿戴全套绝缘防护用具，经带电作业工作负责人检查合格后携带绝缘遮蔽用具进入工作斗，不得操作下臂，系好安全带。 (11) 工作斗和操作工具定位平稳，升降速度不应大于0.5m/s；回转时，绝缘斗外旋转速度不应大于0.5m/s	

序号	作业步骤	作业内容	标准	备注
4	绝缘遮蔽	绝缘斗臂车斗内电工对作业范围内的所有带电体和接地体进行绝缘遮蔽。	(1) 在靠近带电体过程中，应使用验电器从下方依次验电。 (2) 对带电体设置绝缘遮蔽时，按照从近到远的原则，从离身体最近的带电体开始；对上下多回分布的带电导线设置遮蔽用具时，应按照从下到上的原则，从下层导线开始依次向上层设置；横担的设置顺序是按照从带电体到接地体依次对导线、绝缘子、再放导线遮蔽罩，然后对横担进行遮蔽。搭接的遮蔽罩应分不同相重叠部分进行遮蔽。 (3) 使用绝缘毯时应用绝缘夹夹紧，防止脱落。搭接的遮蔽罩其重叠部分不得小于 15cm。 (4) 对工作斗升降中可能及范围内的低压带电部位带电体也需进行遮蔽。	
5	从架空线路临时取电给环网柜供电作业	(1) 敷设旁路作业设备防护垫布。 (2) 敷设旁路防护盖板。 (3) 敷设旁路电缆。 (4) 斗内电工、杆上电工相互配合，斗内电工升起工作斗，杆上电工配合下安装旁路作业设备位于安装旁路作业开关的空中作业位置。 (5) 将螺栓及余缆工具、旁路开关外壳应良好接地。 (6) 连接旁路电缆并进行分段绑扎固定。 (7) 将环网柜侧的旁路电缆终端与旁路负荷开关连接。 (8) 斗内电工、杆上电工相互配合将旁路电缆与旁路作业设备可靠接地，将剩余电缆可靠固定在余缆工具上，杆上电工返回地面。 (9) 工作完成检查各部位连接无误，将已装的旁路作业开关、末端空载分别置于"断开"位置，斗内电工、杆上电工配合对组装好的旁路作业设备进行绝缘电阻检测。 (10) 使用绝缘电阻检测仪对组装好的旁路作业设备进行绝缘电阻检测。 (11) 绝缘电阻检测完毕，将旁路开关断开。 (12) 确认旁路开关断开后，将旁路电缆分相与开关电源侧断开。 (13) 验电后，将待取电的环网柜进线间隔与系统原来侧断开，并将旁路电缆的屏蔽层接地。	(1) 敷设旁路电缆时，须由多名作业人员配合使旁路电缆离开地面整体敷设，防止旁路电缆与地面摩擦。 (2) 连接旁路作业设备前，应对各接口进行清洁和润滑；用清洁纸或清洁布将各接口内外清洁干净，确认绝缘表面无任何污物、灰尘、水分、损伤、在插接界面均匀涂抹硅脂。 (3) 雨雪天气严禁组装旁路作业设备；组装完成的连接部位应具有可靠的防雨（雪）措施。 (4) 雨天可以进行旁路作业，但应确保旁路接头及其连接部位的防雨（雪）措施。 (5) 旁路作业设备组装好后，应逐相进行绝缘检测，绝缘电阻不得小于 500MΩ，合格后方可投入使用。 (6) 旁路电缆运行期间，应派专人看守、巡视，防止行人碰触。运行中的旁路开关应在明显位置挂"禁止分闸"警示牌。 (7) 旁路作业设备投入运行前，必须进行核相。 (8) 恢复原线路供电前，必须进行核相，确认相位正确方可实施。 (9) 拆除旁路作业设备前，应无负荷放电。 (10) 旁路电缆屏蔽层应采用不小于 $25mm^2$ 的导线接地。 (11) 旁路作业设备额定通流能力为 200A，作业前需检测确认待检修线路负荷电流不大于 200A，确保小于 200A。 (12) 作业过程监测旁路电缆电流，确保小于 200A。	

续表

序号	作业步骤	作业内容	标准	备注
5	从架空线路临时取电给环网柜供电作业	（14）斗内电工经不停电作业工作负责人同意，按相位依次将旁路开关电源侧电缆终端与架空导线连接好返回地面。 （15）合上旁路负荷开关，并锁死保险环。 （16）合上取电环网柜进线间隔开关，完成取电工作。 （17）临时取电给环网柜工作完成后，断开取电环网柜进线间隔开关。 （18）断开旁路负荷开关。 （19）斗内电工经不停电作业工作负责人同意，确认旁路开关电源侧旁路电缆终端与架空导线空导线的连接，并恢复导线绝缘。 （20）合上旁路负荷开关对旁路电缆可靠接地充分放电后，拆除环网柜进线间隔处外旁路电缆终端。 （21）斗内电工、杆上电工互相配合依次拆除旁路电缆、旁路开关，余缆工具及杆上绝缘遮蔽用具返回地面		
	从架空线路临时取电给移动箱变供电作业	（1）敷设旁路作业设备防护垫布。 （2）敷设旁路防护盖板。 （3）敷设旁路电缆。 （4）斗内电工、杆上电工相互配合，斗内电工升起工作斗定位于安装旁路开关位置，杆上电工应在杆上上工配合下安装旁路开关及余缆工具。 （5）将架空线余缆连接的旁路转接电缆固定在电杆上。 （6）连接旁路电缆并进行分段绑扎固定。 （7）将移动箱变侧的旁路电缆终端与旁路负荷开关连接好。 （8）斗内电工、杆上电工相互配合将架空线与旁路开关连接好，旁路转接的旁路电缆终端与旁路开关连接好，将剩余电缆可靠固定在余缆工具上，杆上电工、杆上工具返回地面	（1）敷设旁路电缆时，须由多名作业人员配合使旁路电缆离开地面整体敷设，防止旁路电缆与地面摩擦。 （2）连接旁路作业设备前，应对各接口进行清洁和润滑，确认绝缘表面无污物、灰尘、水分、损伤，在插接界面均匀涂抹硅脂。用清洁纸或清洁布无水酒精或其他清洁剂清洁。 （3）雨雪天气严禁组装旁路作业设备；组装完成的连接器允许在降雨（雪）条件下运行，但应确保连接部位有可靠的防雨（雪）措施。 （4）旁路开关组装好后，应使用专用接地线将旁路开关外壳接地。 （5）旁路作业设备组装后，应合上旁路开关，逐相进行绝缘电阻检测，绝缘电阻值不得小于 500MΩ，合格后方可投入使用。 （6）旁路电缆运行期间，应派专人看守、巡视，防止外人碰触。 （7）旁路作业设备投入运行前，必须进行核相	

序号	作业步骤	作业内容	标准	备注
5	从架空线路临时取电给移动箱变动供电作业	（9）工作完成检查各部位连接无误，将已安装的旁路电缆终首，末终端接头分别置于悬空位置，斗内电工上合旁路开关。 （10）使用绝缘电阻检测仪对组装好的旁路作业设备进行绝缘电阻检测。 （11）绝缘性能检测完毕，将旁路电缆分相可靠接地充分放电后，将旁路开关断开。 （12）确认待取电的用户与原电源侧开关断开。 （13）整电后，将旁路电缆终端安装到移动箱变上；将低压侧按原相序接至用户。 （14）斗内电工经不停电作业工作负责人同意，按相依次将旁路开关高压侧电源侧带电引下线与主导线连接好，并锁死保险环。 （15）合上旁路负荷开关，并锁死保险环。 （16）依次合上移动箱变高压侧、低压侧开关，完成取电工作。 （17）临时取电给移动箱变动供电工作完成后，断开移动箱变低压侧开关。 （18）断开移动箱变高压侧开关。 （19）断开旁路负荷开关。 （20）斗内电工经不停电作业工作负责人同意，确认旁路开关断开后，拆除旁路开关高压侧电源侧下线与主导线的连接，并恢复导线绝缘。 （21）合上旁路负荷开关对旁路电缆可靠接地充分放电。 （22）斗内电工、杆上电工互相配合依次拆除旁路电缆、旁路开关，余缆工具及杆上绝缘遮蔽用具返回地面	（8）移动箱变退出运行前，应确认移动箱变低压侧无负荷。 （9）恢复原线路供电前，必须进行核相，确认相位正确方可实施。 （10）拆除旁路作业设备前，应充分放电。 （11）旁路作业设备额定通流能力为200A，作业前需检测确认待检修线路负荷电流。 （12）作业过程应监测旁路电缆电流，确保小于200A。	
6	施工质量检查	现场总工作负责人检查作业质量	全面检查作业质量，无遗漏的工具、材料等	
7	完工	现场总工作负责人检查工作现场	现场总工作负责人全面检查工作完成情况	

4.3 竣工

序号	内　　容
1	现场总工作负责人全面检查工作完成情况无误后，组织清理现场及工具
2	通知值班调度员，工作结束，恢复停用的重合闸
3	终结工作票

5　验收总结

序号	检修总结	
1	验收评价	
2	存在问题及处理意见	

6　指导书执行情况评估

评估内容	符合性	优		可操作项	
		良		不可操作项	
	可操作性	优		修改项	
		良		遗漏项	
存在问题					
改进意见					

附录 23 旁路法不停电（短时停电）检修两环网柜间电缆线路标准化作业卡

（范本）

2016 年 11 月

1 适用范围

本作业指导书适用于旁路法不停电（短时停电）检修两环网柜间电缆线路工作。

2 引用文件

Q/GDW 710—2012《10kV 电缆线路不停电作业技术导则》

Q/GDW 520—2010《10kV 架空配电线路带电作业管理规范》

Q/GDW 519—2010《配电网运行规程》

国家电网安监〔2009〕664 号《国家电网公司电力安全工作规程（线路部分）》

Q/GDW 249—2009《10kV 旁路作业设备技术条件》

Q/GDW 1812—2012《10kV 旁路电缆连接器使用导则》

3 作业前准备

3.1 基本要求

序号	内　容	标　准	备　注
1	现场勘查	（1）现场总工作负责人应提前组织有关人员进行现场勘查，根据勘查结果做出能否进行不停电作业的判断，并确定作业方法及应采取的安全技术措施。 （2）现场勘查包括下列内容：作业现场道路满足施工要求，能否停放旁路作业设备运输车、能够展放旁路柔性电缆。待检修线路两侧环网柜是否有备用间隔，备用间隔是否完好，以及存在的作业危险点等。 （3）确认负荷电流小于 200A，超过 200A 应提前转移或减少负荷	
2	了解现场气象条件	了解现场气象条件，判断是否符合不停电作业要求	
3	组织现场作业人员学习作业指导书	掌握整个操作程序，理解工作任务及操作中的危险点及控制措施	
4	工作票	办理电缆第一种工作票；办理倒闸操作票	

3.2 作业人员要求

序号	内　容	备　注
1	作业人员应身体健康，无妨碍作业的生理和心理障碍	
2	作业人员经培训合格，持证上岗	
3	操作绝缘斗臂车的人员应经培训合格，持证上岗	
4	作业人员应掌握紧急救护法，特别要掌握触电急救方法	

3.3 工器具及车辆配备

序号		工器具名称	规格、型号	数量	备 注
1	主要作业车辆	旁路电缆展放车		1辆	根据现场输放电缆长度配置
		设备运输车		1辆	根据现场实际情况确定
2	绝缘防护用具	绝缘手套	10kV	1副	核相、倒闸操作用
		安全帽		若干	
3	绝缘操作工具	绝缘操作杆	10kV	1根	分、合旁路开关用
		绝缘放电杆及接地线		1根	旁路电缆试验以及使用以后，放电用
4	旁路作业设备	旁路电缆	10kV	若干	根据现场实际长度配置
		快速插拔旁路电缆连接器	10kV	若干	根据现场实际情况确定
		旁路电缆连接器保护盒		若干	根据现场实际情况确定
		旁路电缆终端	10kV	2套	与环网柜配套
		旁路负荷开关（选用）	10kV/200A	1台	短时停电作业时，不采用不停电作业时，如果环网柜开关断口具备核相功能，可以不采用旁路负荷开关
		旁路负荷开关固定器（选用）		1套	
		旁路电缆防护盖板、防护垫布等			地面敷设
		绑扎绳		若干	分段绑扎固定三相旁路电缆
5	个人工器具	钳子		2把	
		活络扳手		2把	
		电工刀		2把	
		螺丝刀		2把	
6	其他主要工器具	绝缘电阻检测仪	2500V及以上	1台	
		验电器	10kV	2支	环网柜专用
		对讲机		3个	
		核相工具	10kV	1套	与旁路开关或环网柜配套使用
		围栏、安全警示牌等		若干	根据现场实际情况确定

3.4 危险点分析

序号	内 容
1	专责监护人违章兼做其他工作或监护不到位，使作业人员失去监护
2	旁路作业现场未设专人负责指挥施工，作业现场混乱，安全措施不齐全
3	旁路作业设备投运前未进行外观检查及绝缘电阻检测，因设备损伤或有缺陷未及时发现造成人身、设备事故
4	敷设旁路电缆未设置防护措施及安全围栏，发生行人车辆踩压，造成电缆损伤

序号	内　容
5	地面敷设电缆被重型车辆碾压，造成电缆损伤
6	旁路电缆屏蔽层未在环网柜或旁路负荷开关外壳等地方进行两点及以上接地，屏蔽层存在感应电压，造成人身伤害
7	三相旁路电缆未绑扎固定，电缆线路发生短路故障时发生摆动
8	环网柜开关误操作（间隔错误、顺序错误），造成设备发生相地、相间短路事故
9	敷设旁路作业设备时，旁路电缆、旁路电缆终端、旁路负荷开关的连接时未核对分相标志，导致接线错误
10	敷设旁路电缆方法错误，旁路电缆与地面摩擦，导致旁路电缆损坏
11	旁路电缆设备绝缘检测后，未进行整体放电或放电不完全，引发人身触电伤害
12	拆除旁路作业设备前未进行整体放电或放电不完全，引发人身触电伤害
13	旁路电缆敷设好后未按要求设置好保护盒
14	旁路作业前未检测确认待检修线路负荷电流，负荷电流大于200A造成设备过载
15	旁路作业设备投入运行前，未进行核相或核相不正确造成短路事故
16	恢复原线路供电前，未进行核相或核相不正确造成短路事故
17	行车违反交通法规，引发交通事故，造成人员伤害

3.5　安全注意事项

序号	内　容
1	专责监护人应履行监护职责，不得兼做其他工作，要选择便于监护的位置，监护的范围不得超过一个作业点
2	旁路作业现场应有专人负责指挥施工，多班组作业时应做好现场的组织、协调工作。作业人员应听从工作负责人指挥
3	作业现场及工具摆放位置周围应设置安全围栏、警示标志，防止行人及其他车辆进入作业现场
4	根据地形路况和作业项目，将斗臂车定位于合适的作业位置。不得在坡度大于5°的路面上操作斗臂车。支腿应支在硬实路面上，不平整地面应铺垫专用支腿垫板，避免将支腿置于沟槽边缘，盖板之上，防止斗臂车在使用中侧翻
5	绝缘斗臂车在使用前应空斗试操作，确认各系统工作正常，制动装置可靠。工作臂下有人时，不得操作斗臂车。工作臂升降回转的路径，应避开临近的电力线路、通信线路、树木及其他障碍物
6	旁路开关应编号
7	操作之前应核对开关编号及状态
8	严格按照倒闸操作票进行操作，并执行唱票制

序号	内 容
9	旁路系统连接好后，合上开关，进行绝缘电阻检测；测量完毕后应进行放电，并断开旁路开关
10	敷设旁路电缆时应设围栏；在路口应采用过街保护盒或架空敷设，大型车辆通过的路口采用架空敷设方式
11	敷设旁路电缆时，须由多名作业人员配合使旁路电缆离开地面整体敷设，防止旁路电缆与地面摩擦。连接旁路电缆时，仔细清理电缆插头、插座，并按规定要求涂绝缘硅脂
12	三相旁路电缆应分段绑扎固定
13	旁路作业设备使用前应进行外观检查并对组装好的旁路作业设备（旁路电缆、旁路电缆终端、旁路负荷开关等）进行绝缘电阻检测，合格后方可投入使用，旁路开关外壳应可靠接地
14	旁路作业设备的旁路电缆、旁路电缆终端、旁路负荷开关的连接应核对分相标志，保证相位色的一致
15	旁路电缆运行期间，应派专人看守、巡视，防止行人碰触，防止重型车辆碾压
16	拆除旁路作业设备前，应充分放电
17	旁路作业设备额定通流能力为200A，作业前需检测确认待检修线路负荷电流小于200A
18	旁路作业设备投入运行前，必须进行核相，确认相位正确
19	恢复原线路供电前，必须进行核相，确认相位正确方可实施
20	严格遵守交通法规，安全行车

3.6 人员组织

人员分工	人 数	工作内容
现场总工作负责人	1 人	全面负责现场作业
小组工作负责人（兼监护人）	视现场工作班组数量	负责各小组作业安全，并履行工作监护
电缆不停电作业组	视现场工作情况	负责敷设及回收旁路电缆工作、负责电缆连接和核相工作
倒闸操作组	视现场工作情况	负责开关的倒闸操作

4 作业程序

4.1 现场复勘

序号	内 容	备 注
1	确认电缆线路设备及周围环境满足作业条件	
2	确认现场气象条件满足作业要求	

4.2 作业内容及标准

序号	作业步骤	作业内容	标　准	备注
1	开工	(1) 现场总工作责任人与调度值班员联系。 (2) 现场总工作责任人发布开始工作的命令	(1) 现场总工作责任人履行许可手续。 (2) 现场总工作责任人应向作业人员分别宣读工作票、布置工作任务，明确人员分工、作业程序、现场安全措施，进行危险点告知，并履行确认手续。 (3) 现场总工作责任人发布开始工作的命令	
2	检查	(1) 在作业现场设置安全围栏和警示标志。 (2) 检查周围环境。 (3) 绝缘工具绝缘性能检测。 (4) 对旁路作业设备进行外观检查。 (5) 检查确认两环网柜备用间隔隔离设施完好。 (6) 检查确认待检修线路负荷电流小于 200A	(1) 安全围栏和警示标志满足规定要求。 (2) 周围环境满足作业条件。 (3) 绝缘工具性能完好，并在试验周期内。 (4) 使用绝缘电阻检测仪将绝缘工具进行分段绝缘检测，绝缘电阻值不低于 700MΩ。 (5) 检查旁路电缆的外护套是否有机械性损伤；旁路电缆连接部位是否有损伤；应对分段三相旁路电缆进行绑扎固定。 (6) 检查旁路电缆负荷开关的外表面是否有机械性损伤。 (7) 确认两环网柜备用间隔隔离设施完好。 (8) 旁路作业设备额定通流能力为 200A，作业前需确认待检修线路负荷电流小于 200A	
3	不停电检修电缆作业（待检修线路备环网柜备用间隔口不关断相核相功能，使用旁路负荷开关）	(1) 敷设旁路作业设备防护垫布。 (2) 敷设旁路防护盖板。 (3) 在待检修线路的两侧环网柜之间敷设旁路电缆、设置旁路负荷开关。 (4) 连接旁路电缆。 (5) 连接旁路负荷开关。 (6) 对旁路电缆进行分段绑扎固定。 (7) 确认各部位连接无误。 (8) 合上旁路负荷开关。 (9) 对整套旁路设备进行绝缘电阻检测，并放电。 (10) 断开旁路负荷开关。 (11) 确认两环网柜备用间隔均设施完好，且均处于断开位置	(1) 敷设旁路电缆时，须由多名作业人员配合使旁路电缆离开地面整体敷设，防止旁路电缆与地面摩擦。 (2) 连接旁路作业设备前，应对各接口进行清洁和润滑；用清洁纸或清洁布，无水酒精或其他电缆清洁剂清洁，确认各表面均无污物、灰尘、水分、损伤。在捕捉界面均匀涂润硅脂。 (3) 雨雪天气严禁组装旁路作业设备，组装完成的连接器允许在雨雪（雪）条件下运行，但应确保旁路设备连接部位有可靠的防雨（雪）措施。 (4) 旁路负荷开关组装后，应使用专用接地线将旁路开关外壳接地。 (5) 旁路电缆两端的屏蔽层应采用截面不小于 25mm² 的导线接地。	

244

序号	作业步骤	作业内容	标　准	备注
3	不停电检修电缆作业（待检修线路环网柜备用间隔开关具备核相功能，使用旁路开关；不具备核相功能，不使用旁路开关）	（12）对备用间隔进行验电，确认无电。 （13）将旁路电缆接入环网柜备用间隔开关，并将旁路电缆终端附近的屏蔽层可靠接地。 （14）依次合上送电侧、受电侧备用间隔开关。 （15）在旁路负荷开关两侧备用间隔确认相位正确。 （16）断开受电侧备用间隔开关。 （17）合上旁路负荷开关。 （18）合上受电侧备用间隔开关，旁路系统送电。 （19）测量旁路电缆分流情况。 （20）断开待检修电缆线路两侧备用间隔开关，进行电缆线路检修。 （21）电缆线路检修结束后，将检修后的电缆线路接入两侧环网柜，并进行核相。 （22）核相正确后，依次合上检修后电缆送电侧、受电侧备用间隔开关。 （23）依次断开旁路电缆受电侧备用间隔开关处于断开状态，送电侧备用间隔开关恢复送电。 （24）确认旁路作业设备无电分放电后，拆除整套旁路电缆终端拆除。 （25）对旁路作业设备无电分放电后，拆除整套旁路电缆设备	（6）旁路作业设备组装好后，应合上旁路开关，逐相进行绝缘电阻检测，绝缘电阻值不得小于500MΩ，合格后方可投入使用。绝缘电阻检测后，旁路作业设备应充分放电。 （7）旁路电缆运行期间，应派专人看守、巡视，防止人员碰触。 （8）旁路作业设备投入运行前，必须进行核相。 （9）恢复原电缆线路供电前，应充分放电。 （10）拆除旁路作业设备前，应充分放电。 （11）旁路作业设备额定通流能力为200A，作业前需确认待检修线路负荷电流小于200A，确保小于200A。 （12）作业过程应监测旁路电缆电流，确保小于200A。	
	不停电检修电缆作业（待检修线路环网柜备用间隔开关具备核相功能，使用旁路开关；不具备核相功能，不使用旁路开关）	（1）敷设旁路电缆作业设备防护垫布。 （2）敷设旁路防护盖板。 （3）敷设、连接旁路电缆。 （4）对旁路电缆进行分段绑扎固定。 （5）确认各部位连接无误。 （6）对整套旁路电缆设备进行检测绝缘并确认。 （7）确认两侧环网柜备用间隔开关完好，确认无电。 （8）对备用间隔进行验电，确认无电。	（1）敷设旁路电缆时，须由多名作业人员配合使旁路电缆离开地面整体敷设，防止旁路电缆与地面摩擦。 （2）连接旁路设备前，应对各接口进行清洁和润滑：用清洁纸或清洁布，无水酒精或其他清洁清洁剂清洁，确认绝缘表面无污物、灰尘、水分、损伤。在插拔界面上均匀涂抹硅脂。 （3）雨雪天气严禁组装旁路作业设备；组装完成的连接部位允许在降雨（雪）条件下运行，但应确保旁路设备连接部位有可靠的防雨（雪）措施。 （4）旁路电缆的屏蔽层应采用截面不小于25mm²的导线可靠接地。	

序号	作业步骤	作业内容	标准	备注
3	不停电缆检修作业（待检线路备用环网柜备用间隔开关，不使用旁路开关）	(9) 将旁路电缆接入环网柜备用间隔，并将旁路电缆的两终端附近的屏蔽层可靠接地。 (10) 合上送电侧备用间隔开关。 (11) 在受电侧备用间隔开关合闸后，合上受电侧备用间隔开关处核相。 (12) 核相正确后，合上受电侧备用间隔开关，旁路系统送电。 (13) 测量旁路电缆分流情况。 (14) 断开两环网柜受电侧备用间隔开关，进行电缆线路检修。 (15) 电缆线路检修结束后，将检修后电缆线路接入两侧环网柜，并进行核相。 (16) 核相正确后，检修后电缆线路受电侧备用间隔开关，送电侧备用间隔开关恢复送电。 (17) 依次断开旁路电缆受电侧备用间隔开关两侧开关处于断开状态，将旁路投入。 (18) 作业人员确认旁路电缆两侧开关处于断开状态，拆除整套旁路电缆终端端口。 (19) 对旁路作业设备充分放电后，拆除整套旁路电缆设备	(5) 旁路作业设备组装好后，逐相进行绝缘电阻检测，绝缘电阻值不得小于500MΩ，合格后方可投入使用，绝缘电阻检测后，旁路作业设备应充分放电。 (6) 旁路电缆运行期间，应派专人看守、巡视，防止行人碰触。 (7) 旁路作业设备投入运行前，必须进行核相。 (8) 恢复原电缆线路供电前，确认相位正确，必须进行放电。 (9) 拆除旁路作业设备前，应充分放电。 (10) 旁路作业设备额定通流能力为200A，作业前需确认待检修线路负荷小于200A。 (11) 作业过程应监测旁路电缆电流，确保小于200A。	
	短时停电检修电缆作业	(1) 敷设旁路作业设备防潮布。 (2) 敷设旁路电缆护套盖板。 (3) 敷设、连接旁路电缆，并分段绑扎固定。 (4) 确认各部位连接无误。 (5) 对整套旁路作业设备进行检测绝缘并放电。 (6) 断开两环网柜间隔开关，待检修电缆线路退出运行。 (7) 拆除待检修电缆线路的终端，检测并记录待检修电缆线路接相。 (8) 对待接入的间隔进行验电，确认无电。 (9) 将旁路电缆两终端屏蔽层接地。 (10) 将旁路作业设备按原相序接入电源侧、变电侧电源侧、旁路系统投入。 (11) 作业人员分别合上送电侧、受电侧环网柜间隔开关、旁路系统投入运行	(1) 敷设旁路电缆时，须由多名作业人员配合使旁路电缆离开地面，整体敷设，防止旁路电缆与地面摩擦。 (2) 连接旁路作业设备前，应对各接口进行清洁和润滑；用清洁纸巾或清洁布、无水酒精或其他清洁剂清洁，确认绝缘表面无污物、灰尘、水分、损伤。在插接界面均匀涂抹硅脂。 (3) 雨雪天气严禁组装旁路作业设备；条件下运行，但应确保旁路作业设备允许在降雨（雪）措施。 (4) 旁路作业设备组装好后，逐相进行绝缘电阻检测，绝缘电阻值不得小于500MΩ，合格后方可投入使用，绝缘电阻检测后，旁路作业设备应充分放电。 (5) 旁路电缆运行期间，应派专人看守、巡视，防止外人碰触	

序号	作业步骤	作业内容	标 准	备注
3	短时停电检修电缆作业	(12) 完成电缆线路检修。 (13) 断开旁路电缆两侧环网柜间隔开关，旁路电缆退出运行。 (14) 作业人员确认两环网柜间隔开关处于接地位置，将旁路电缆终端拆除。 (15) 对待接入的间隔进行验电，确认无电。 (16) 将检修后的电缆线路的相序按原相序接入两侧环网柜间隔。 (17) 依次合上送电侧、变电侧间隔开关，电缆线路恢复送电。 (18) 回收整套旁路作业设备	(6) 旁路作业设备应按原相接入。 (7) 电缆线路检修完后，应按原相序接入。 (8) 旁路电缆两端屏蔽层应采用不小于 25mm² 的导线接地。 (9) 拆除旁路作业设备前，应无分放电。 (10) 旁路作业设备额定通流能力为 200A，作业前需检测确认待检修线路负荷电流小于 200A。 (11) 作业过程应监测旁路电缆电流，确保小于 200A。	
4	施工质量检查	现场总工作负责人检查作业质量	全面检查作业质量，无遗漏的工具、材料等	
5	完工	现场总工作负责人检查工作现场	现场总工作负责人全面检查工作完成情况	

4.3 竣工

序号	内 容
1	现场总工作负责人全面检查工作完成情况无误后，组织清理现场及工具
2	通知值班调度员，工作结束
3	终结工作票

5 验收总结

序号		验收总结
1	验收评价	
2	存在问题及处理意见	

247

6 指导书执行情况评估

评估内容	符合性	优		可操作项	
		良		不可操作项	
	可操作性	优		修改项	
		良		遗漏项	
存在问题					
改进意见					

附录 24　旁路法不停电（短时停电）检修环网柜
标准化作业卡

（范本）

2016 年 11 月

1 适用范围

本作业指导书适用于旁路法不停电（短时停电）检修环网柜的工作。

2 引用文件

Q/GDW 710—2012《10kV 电缆线路不停电作业技术导则》

Q/GDW 520—2010《10kV 架空配电线路带电作业管理规范》

Q/GDW 519—2010《配电网运行规程》

国家电网安监〔2009〕664 号《国家电网公司电力安全工作规程（线路部分）》

Q/GDW 249—2009《10kV 旁路作业设备技术条件》

Q/GDW 1812—2012《10kV 旁路电缆连接器使用导则》

3 作业前准备

3.1 基本要求

序号	内　容	标　准	备　注
1	现场勘查	（1）现场总工作负责人应提前组织有关人员进行现场勘查，根据勘查结果做出能否进行不停电作业的判断，并确定作业方法及应采取的安全技术措施。 （2）现场勘查包括下列内容：作业现场道路是否满足施工要求，能否停放旁路运输车、能够展放旁路柔性电缆。待检修线路两侧环网柜是否有备用间隔，备用间隔是否完好，以及存在的作业危险点等。 （3）确认负荷电流小于 200A，超过 200A 应提前转移或减少负荷	
2	了解现场气象条件	了解现场气象条件，判断是否符合安规对带电作业要求	
3	组织现场作业人员学习作业指导书	掌握整个操作程序，理解工作任务及操作中的危险点及控制措施	
4	工作票	办理电缆第一种工作票；办理倒闸操作票	

3.2 作业人员要求

序号	内　容	备　注
1	作业人员应身体健康，无妨碍作业的生理和心理障碍	
2	作业人员经培训合格，持证上岗	
3	操作绝缘斗臂车的人员应经培训合格，持证上岗	
4	作业人员应掌握紧急救护法，特别要掌握触电急救方法	

3.3 工器具及车辆配备

序号	工器具名称		规格、型号	数量	备注
1	主要作业车辆	旁路电缆展放车		1辆	根据现场输放电缆长度配置
		设备运输车		1辆	根据现场实际情况确定
2	绝缘防护用具	绝缘手套	10kV	1副	核相、倒闸操作用
		安全帽		若干	
3	绝缘操作工具	绝缘操作杆	10kV	1根	分、合旁路开关用
		绝缘放电杆及接地线		1根	旁路电缆试验以及使用以后，放电用
4	旁路作业装备	旁路电缆	10kV	若干	根据现场实际长度配置
		快速插拔旁路电缆直通连接器	10kV	若干	根据现场实际情况确定
		快速插拔旁路电缆T形连接器	10kV	1套	
		旁路电缆接线保护盒		若干	根据现场实际情况确定
		旁路电缆终端	10kV	3套	与环网柜配套
		旁路负荷开关（选用）	10kV/200A	2台	短时停电作业，不采用旁路负荷开关。 不停电作业，如果环网柜开关断口具备核相功能，可以不采用旁路负荷开关
		旁路负荷开关固定器		2套	
		旁路电缆防护盖板、防护垫布等		若干	地面敷设
5	个人工器具	钳子		2把	
		活络扳手		2把	
		电工刀		2把	
		螺丝刀		2把	
6	其他主要工器具	绝缘电阻检测仪	2500V及以上	1台	
		验电器	10kV	2支	环网柜专用
		对讲机		3个	
		核相工具	10kV	1套	与旁路开关或环网柜配套使用
		围栏、安全警示牌等		若干	根据现场实际情况确定

3.4 危险点分析

序号	内　容
1	专责监护人违章兼做其他工作或监护不到位，使作业人员失去监护
2	旁路作业现场未设专人负责指挥施工，作业现场混乱，安全措施不齐全
3	旁路电缆设备投运前未进行外观检查及绝缘性能检测，因设备损毁或有缺陷未及时发现造成人身、设备事故
4	敷设旁路电缆未设置防护措施及安全围栏，发生行人车辆踩压，造成电缆损伤
5	地面敷设电缆被重型车辆碾压，造成电缆损伤
6	旁路电缆屏蔽层未在环网柜或旁路负荷开关外壳等地方进行两点及以上接地，屏蔽层存在感应电压，造成人身伤害
7	三相旁路电缆未绑扎固定，电缆线路发生短路故障时发生摆动
8	环网柜开关误操作（间隔错误、顺序错误），造成设备发生相地、相间短路事故
9	敷设旁路作业设备时，旁路电缆、旁路电缆终端、旁路负荷开关的连接时未核对分相标志，导致接线错误
10	敷设旁路电缆方法错误，旁路电缆与地面摩擦，导致旁路电缆损坏
11	旁路电缆设备绝缘检测后，未进行整体放电或放电不完全，引发人身触电伤害
12	拆除旁路作业设备前未进行整体放电或放电不完全，引发人身触电伤害
13	旁路电缆敷设好后未按要求设置好保护盒
14	旁路作业前未检测确认待检修线路负荷电流，负荷电流大于200A造成旁路作业设备过载
15	旁路作业设备投入运行前，未进行核相或核相不正确造成短路事故
16	恢复原线路供电前，未进行核相或核相不正确造成短路事故
17	行车违反交通法规，引发交通事故，造成人员伤害

3.5 安全注意事项

序号	内　容
1	专责监护人应履行监护职责，不得兼做其他工作，要选择便于监护的位置，监护的范围不得超过一个作业点
2	旁路作业现场应有专人负责指挥施工，多班组作业时应做好现场的组织、协调工作。作业人员应听从工作负责人指挥
3	作业现场及工具摆放位置周围应设置安全围栏、警示标志，防止行人及其他车辆进入作业现场
4	旁路开关应编号
5	操作之前应核对开关编号及状态

序号	内 容
6	严格按照倒闸操作票进行操作，并执行唱票制
7	旁路系统连接好后，合上开关，进行绝缘电阻检测；测量完毕后应进行放电，并断开旁路开关
8	敷设旁路电缆时应设围栏。在路口应采用过街保护盒或架空敷设
9	敷设旁路电缆时，须由多名作业人员配合使旁路电缆离开地面整体敷设，防止旁路电缆与地面摩擦。连接旁路电缆时，电缆连接器按规定要求涂绝缘脂
10	三相旁路电缆应分段绑扎固定
11	旁路作业设备使用前应进行外观检查并对组装好的高压旁路作业设备（旁路电缆、旁路电缆终端、旁路负荷开关等）进行绝缘电阻检测，合格后方可投入使用，旁路开关外壳应可靠接地
12	旁路作业设备的高压旁路电缆、旁路电缆终端、旁路负荷开关的连接应核对分相标志，保证相位色的一致
13	旁路电缆运行期间，应派专人看守、巡视，防止行人碰触，防止重型车辆碾压
14	拆除高压旁路作业设备前，应充分放电
15	旁路作业设备额定通流能力为200A，作业前需检测确认待检修线路负荷电流小于200A
16	高压旁路作业设备投入运行前，必须进行核相，确认相位正确
17	恢复原线路供电前，必须进行核相，确认相位正确方可实施
18	严格遵守交通法规，安全行车

3.6 人员组织

人员分工	人 数	工作内容
现场总工作负责人	1人	全面负责现场作业
小组工作负责人（兼监护人）	视现场工作班组数量	负责各小组作业安全，并履行工作监护
电缆不停电作业组	视现场工作情况	负责敷设及回收旁路电缆工作、负责电缆接头作业和核相工作
倒闸操作组	视现场工作情况	负责开关的倒闸操作

4 作业程序

4.1 现场复勘

序号	内 容	备 注
1	确认电缆线路设备及周围环境满足作业条件	
2	确认现场气象条件满足作业要求	

4.2 作业内容及标准

序号	作业步骤	作业内容	标　　准	备注
1	开工	(1) 现场总工作责任人与调度值班员联系。 (2) 现场总工作责任人发布开始工作的命令	(1) 现场总工作责任人与调度值班员履行许可手续。 (2) 现场总工作责任人应分别向作业人员宣读工作票、布置工作任务，明确人员分工，作业程序，现场安全措施，进行危险点告知，并履行确认手续。 (3) 现场总工作责任人发布开始工作的命令	
2	检查	(1) 在作业现场设置安全围栏和警示标志。 (2) 作业人员检查周围环境。 (3) 检查绝缘工具、防护用具。 (4) 绝缘工具绝缘性能检测。 (5) 对旁路作业进行外观检查。 (6) 检查旁路备用隔离措施完好。 (7) 检查确认待检修旁路负荷电流小于200A	(1) 安全围栏和警示标志满足要求。 (2) 周围环境满足作业条件。 (3) 绝缘工具、防护用具性能完好，并在试验周期内。 (4) 使用绝缘电阻检测仪将绝缘工具进行分段绝缘检测。绝缘电阻值不低于700MΩ。 (5) 检查旁路电缆的外护套是否有机械性损伤；旁路电缆连接部位是否有损伤；检查旁路负荷开关的外表面是否有机械性损伤；检查开关是否因有机气体压力低而引起闭锁。 (6) 确认旁路备用同隔离措施完好。 (7) 旁路作业设备额定通流能力为200A，作业前需检测确认待检修旁路负荷电流小于200A	
3	不停电作业施工	(1) 敷设旁路作业设备防护垫布。 (2) 敷设旁路防护盖板。 (3) 在待检修环网柜的送电侧、受电侧敷设两台环网柜之间敷设旁路电缆。 (4) 在待检修旁路环网柜之间敷设旁路电缆。 (5) 连接旁路电缆，采用T型连接器连接待检修环网柜两侧及分支侧之间的旁路电缆。 (6) 对旁路电缆进行分段绑扎固定。 (7) 分别在待检修环网柜附近、分支侧环网柜附近敷设旁路负荷开关。 (8) 连接旁路负荷开关	(1) 敷设旁路电缆时，须由多名作业人员配合使旁路电缆离开地面整体敷设，防止旁路作业设备与地面摩擦。 (2) 连接旁路作业设备前，应对各接口进行清洁和润滑：用清洁纸或清洁布，无水酒精或其他清洁剂清洁，确认绝缘表面无污物、灰尘、水分、损伤。在插拔接口处均匀涂抹硅脂。 (3) 雨雪天气严禁组装旁路作业设备；组装完成连接部位应有可靠降雨（雪）条件下运行，但应确保组装旁路设备有防雨（雪）措施。 (4) 旁路负荷开关组装好后，应使用专用接地线将旁路开关外壳接地。 (5) 旁路作业设备组装好后，应合上旁路开关，逐相进行绝缘电阻检测，绝缘电阻值不得小于500MΩ，合格后方可投入使用。绝缘电阻检测后，旁路作业设备应充分放电	

254

序号	作业步骤	作业内容	标准	备注
3	不停电作业施工	(9) 确认各部位连接无误。 (10) 合上旁路负荷开关。 (11) 对整套旁路电缆设备进行绝缘检测并放电。 (12) 断开旁路负荷开关。 (13) 确认待检修环网柜的送电侧、受电侧、分支侧三台环网柜备用间隔均完好，且处于断开位置。 (14) 对备用间隔进行验电，确认无电。 (15) 将旁路电缆终端接入三台环网柜备用间隔，并将旁路电缆终端附近的屏蔽层可靠接地。 (16) 合上送电侧环网柜备用间隔开关。 (17) 合上受电侧环网柜备用间隔开关。 (18) 在受电侧旁路开关处核相，确认相位正确。 (19) 断开受电侧环网柜备用间隔开关。 (20) 合上受电侧旁路开关。 (21) 合上受电侧环网柜备用间隔开关。 (22) 测量受电侧旁路电缆分流情况。 (23) 合上分支侧环网柜备用间隔开关。 (24) 在分支侧旁路开关处核相，确认相位正确。 (25) 断开分支侧环网柜备用间隔开关。 (26) 合上分支侧旁路开关。 (27) 合上分支侧环网柜备用间隔开关。 (28) 测量分支侧旁路电缆分流情况。 (29) 拉开与待检修环网柜连接的电缆线路送电侧、受电侧、分支侧三台环网柜备用间隔开关。 (30) 进行环网柜间隔的检修。 (31) 环网柜检修后，将电缆线路按原相位接入检修后的环网柜。 (32) 核相正确后，作业人员依次合上检修后环网柜送电侧、受电侧、分支侧三台环网柜间隔开关，检修环网柜恢复送电。	(6) 旁路电缆运行期间，应派专人看守、巡视，防止行人碰触。 (7) 旁路电缆两端屏蔽层应采用不小于25mm²的导线接地。 (8) 旁路作业设备投入运行前，必须进行核相。 (9) 恢复原电缆线路供电前，应充分放电。 (10) 拆除旁路作业设备前，必须核相，确认相位正确。 (11) 旁路作业设备额定通流能力为200A，作业前需检测确认待检修线路负荷电流小于200A。 (12) 作业过程应监测旁路电缆电流，确保小于200A。	

序号	作业步骤	作业内容	标准	备注
	不停电作业施工	(33) 断开分支侧、受电侧环网柜备用间隔开关。 (34) 断开分支侧、受电侧旁路开关。 (35) 断开送电侧旁路环网柜备用间隔开关。 (36) 确认旁路电缆两侧间隔开关处于断开状态，将旁路电缆终端拆除。 (37) 对旁路作业设备充分放电后，拆除整套旁路电缆设备		
3	短时停电作业施工	(1) 敷设旁路作业设备防护垫布。 (2) 敷设旁路防护盖板。 (3) 在待检修环网柜两侧的环网柜之间敷设旁路电缆。 (4) 在待检修环网柜两侧的环网柜之间分支网柜与其分支环网柜之间敷设旁路电缆。 (5) 连接旁路电缆，采用Ｔ型连接器连接待检修环网柜两侧间隔及分支侧之间的旁路电缆。 (6) 对旁路电缆进行分段绑扎固定。 (7) 确认各部位连接无误。 (8) 对整套旁路作业设备进行检测绝缘并放电。 (9) 断开与待检修环网柜连接的受电侧、分支侧、送电侧，送电侧三台环网柜间隔开关。 (10) 拆除与待检修环网柜连接的受电侧的电缆终端。 (11) 将旁路电缆按原样接入受电侧、分支侧、送电侧三台环网柜。 (12) 分别合上送电侧、受电侧、分支侧间隔开关，旁路系统投入运行。 (13) 完成环网柜的检修。 (14) 断开旁路电缆连接的送电侧、受电侧、分支侧间隔开关，旁路电缆退出运行	(1) 敷设旁路电缆时，须由多名作业人员配合使旁路电缆离开地面整体敷设，防止旁路电缆与地面摩擦。 (2) 连接旁路作业设备前，应对各接口进行清洁和润滑：用不起毛的清洁纸或清洁布，无水酒精或其他电缆清洁剂清洁；确认绝缘表面无污物、灰尘、水分、损伤。在插拔界面均匀涂抹硅脂。 (3) 雨雪天气严禁组装旁路作业设备，组装完成的连接器允许在降雨（雪）条件下运行，但应确保连接设备连接部位有可靠的防雨（雪）措施。 (4) 旁路作业设备组装好后，逐相进行绝缘电阻检测，绝缘电阻值不得小于500MΩ，合格后方可投入使用。绝缘电阻检测后，旁路作业设备应充分放电。 (5) 旁路电缆运行期间，应派专人看守、巡视，防止行人碰触。 (6) 旁路作业设备应按原相序接入。 (7) 检修完毕后，电缆线路应按原相序接入。 (8) 旁路电缆两端屏蔽层应采用不小于25mm² 的导线接地。 (9) 拆除旁路作业设备前，应充分放电。 (10) 旁路作业设备额定通流能力为200A，作业前需检测待检修线路负荷电流小于200A。 (11) 旁路作业过程应监测旁路电缆电流，确保小于200A。	

序号	作业步骤	作业内容	标准	备注
3	短时停电作业施工	(15) 作业人员确认环网柜间隔开关手车接地位置，将旁路电缆终端拆除。 (16) 对备用间隔进行验电，确认无电。 (17) 将电缆线路按原相序相人检修后的环网柜间隔。 (18) 将电缆线路按原相序相人检修后的环网柜间隔开关。 (19) 依次合上送电侧、受电侧、分支侧环网柜间隔开关，电缆线路恢复送电。 (20) 对旁路作业设备充分放电后，拆除整套旁路电缆设备		
4	施工质量检查	现场总工作负责人检查作业质量	全面检查作业质量，无遗漏的工具、材料等	
5	完工	现场总工作负责人检查工作现场	现场总工作负责人全面检查工作完成情况	

4.3 竣工

序号	内 容
1	现场总工作负责人全面检查工作完成情况无误后，组织清理现场及工具
2	通知值班调度员，工作结束
3	终结工作票

5 验收总结

序号	验收总结
1	验收评价
2	存在问题及处理意见

257

6 指导书执行情况评估

评估内容	符合性	优		可操作项	
		良		不可操作项	
	可操作性	优		修改项	
		良		遗漏项	
存在问题					

附录 25　从环网柜临时取电给移动箱变供电标准化作业卡

（范本）

2016 年 11 月

1 适用范围

适用于从环网柜临时取电给移动箱变供电作业。

2 编制依据

Q/GDW 710—2012《10kV 电缆线路不停电作业技术导则》

Q/GDW 520—2010《10kV 架空配电线路带电作业管理规范》

Q/GDW 519—2010《配电网运行规程》

国家电网安监〔2009〕664 号《国家电网公司电力安全工作规程（线路部分）》

Q/GDW 249—2009《10kV 旁路作业设备技术条件》

Q/GDW 1812—2012《10kV 旁路电缆连接器使用导则》

3 作业前准备

3.1 准备工作安排

序号	内　容	标　准	备　注
1	现场勘察	（1）现场总工作负责人应提前组织有关人员进行现场勘察，根据勘察结果做出能否进行不停电作业的判断，并确定作业方法及应采取的安全技术措施。 （2）现场勘查包括下列内容：线路运行方式、作业现场道路是否满足施工要求，能否停旁路运输车、展放旁路柔性电缆；环网柜间隔是否完好，以及存在的作业危险点等。 （3）确认负荷电流小于 200A。超过 200A 应提前转移或减少负荷	
2	了解现场气象条件	了解现场气象条件，判断是否符合安规对带电作业要求	
3	组织现场作业人员学习作业指导书	掌握整个操作程序，理解工作任务及操作中的危险点及控制措施	
4	工作票	办理电缆第一种工作票；办理倒闸操作票	

3.2 人员要求

序号	内　容	备　注
1	作业人员应身体健康，无妨碍作业的生理和心理障碍	
2	作业人员经培训合格，持证上岗	
3	操作绝缘斗臂车的人员应经培训合格，持证上岗	
4	作业人员应掌握紧急救护法，特别要掌握触电急救方法	

3.3　工器具

序号	分类	工器具名称	规格、型号	数量	备　注
1	特种车辆	旁路放线车		1辆	根据现场输放电缆长度配置
		移动箱变车		1辆	临时取电给移动箱变作业用
		旁路作业设备运输车		1辆	根据现场实际情况确定
2	个人绝缘防护用具	绝缘手套	10kV	1副	核相、倒闸操作用
3	绝缘工器具	绝缘操作杆	10kV	1根	分、合旁路开关用
		绝缘放电杆及接地线		1根	旁路电缆试验以及使用以后，放电用
4	旁路工具	旁路电缆	10kV	1套	根据现场实际长度配置
		旁路电缆连接器	10kV	若干	根据现场实际情况确定
		旁路电缆接线保护盒		若干	根据现场实际情况确定
		旁路电缆终端	10kV	2套	与环网柜配套
		旁路电缆防护盖板、防护垫布等			地面敷设
		绑扎绳			
5	个人工器具	钳子		2把	
		活络扳手		2把	
		电工刀		2把	
		螺丝刀		2把	
6	其他主要工器具	绝缘电阻检测仪	2500V及以上	1台	
		验电器	10kV	2套	环网柜专用
		对讲机		3套	
		核相器	10kV	1套	
		围栏、安全警示牌		若干	根据现场实际情况确定

3.4　危险点分析

序号	内　容
1	专责监护人违章兼做其他工作或监护不到位，使作业人员失去监护
2	作业现场未设专人负责指挥施工，作业现场混乱，安全措施不齐全
3	旁路电缆设备投运前未进行外观检查及绝缘性能检测，因设备损伤或有缺陷未及时发现造成人身、设备事故
4	敷设旁路电缆未设置防护措施及安全围栏，发生行人车辆踩压，造成电缆损伤
5	地面敷设电缆被重型车辆碾压，造成电缆损伤
6	旁路电缆屏蔽层未在环网柜或旁路负荷开关外壳等地方进行两点及以上接地，屏蔽层存在感应电压，造成人身伤害
7	三相旁路电缆未绑扎固定，电缆线路发生短路故障时发生摆动

序号	内　　容
8	环网柜开关误操作（间隔错误、顺序错误），造成设备发生相地、相间短路事故
9	敷设旁路作业设备时，旁路电缆、旁路电缆连接器、旁路负荷开关的连接时未核对分相标志，导致接线错误
10	敷设旁路电缆方法错误，旁路电缆与地面摩擦，导致旁路电缆损坏
11	旁路电缆设备绝缘检测后，未进行整体放电或放电不完全，引发人身触电伤害
12	拆除旁路作业设备前未进行整体放电或放电不完全，引发人身触电伤害
13	旁路电缆敷设好后未按要求设置好保护盒
14	旁路作业前未检测确认待检修线路负荷电流，负荷电流大于200A造成设备过载
15	旁路作业设备投入运行前，未进行核相或核相不正确造成短路事故
16	恢复原线路供电前，未进行核相或核相不正确造成短路事故
17	行车违反交通法规，可能引发交通事故，造成人员伤害

3.5　安全措施

序号	内　　容
1	专责监护人应履行监护职责，不得兼做其他工作，要选择便于监护的位置，监护的范围不得超过一个作业点
2	旁路作业现场应有专人负责指挥施工，多班组作业时应做好现场的组织、协调工作。作业人员应听从工作负责人指挥
3	作业现场及工具摆放位置周围应设置安全围栏、警示标志，防止行人及其他车辆进入作业现场
4	操作之前应核对开关编号及状态
5	严格按照倒闸操作票进行操作，并执行唱票制
6	旁路系统连接好后，进行绝缘电阻检测；测量完毕后应进行放电
7	敷设旁路电缆时应设围栏。在路口应采用过街保护盒或架空敷设
8	敷设旁路电缆时，须由多名作业人员配合使旁路电缆离开地面整体敷设，防止旁路电缆与地面摩擦。旁路电缆连接器应按规定要求涂绝缘硅脂
9	三相旁路电缆应分段绑扎固定
10	旁路作业设备使用前应进行外观检查并对组装好的旁路作业设备（旁路电缆、旁路电缆连接器、旁路负荷开关等）进行绝缘电阻检测，合格后方可投入使用
11	旁路作业设备的旁路电缆、旁路电缆连接器、旁路负荷开关的连接应核对分相标志，保证相位色的一致
12	旁路电缆运行期间，应派专人看守、巡视，防止外人碰触，防止重型车辆碾压
13	拆除旁路作业设备前，应充分放电
14	旁路作业设备额定通流能力为200A，作业前需检测确认待检修线路负荷电流不大于200A
15	旁路作业设备投入运行前，必须进行核相，确认相位正确
16	恢复原线路供电前，必须进行核相，确认相位正确方可实施
17	严格遵守交通法规，安全行车

3.6 作业分工

人员分工	人　数	工作内容
现场总工作负责人	1 人	全面负责现场作业
小组工作负责人（兼监护人）	视现场工作班组数量	负责各小组作业安全，并履行工作监护
电缆不停电作业组	视现场工作情况	负责敷设及回收旁路电缆工作、负责电缆接头作业和核相工作
倒闸操作组	视现场工作情况	负责开关的倒闸操作

4　作业程序

4.1　现场复勘

序号	内　容	备　注
1	确认电缆线路设备及周围环境满足作业条件	
2	确认现场气象条件满足作业要求	

4.2　作业内容及标准

序号	作业步骤	作业内容	标　准	备注
1	开工	（1）现场总工作负责人与调度值班员联系。 （2）现场总工作负责人发布开始工作的命令	（1）现场总工作负责人与调度值班员履行许可手续。 （2）现场总工作负责人应分别向作业人员宣读工作票，布置工作任务、明确人员分工、作业程序、现场安全措施、进行危险点告知，并履行确认手续。 （3）现场总工作负责人发布开始工作的命令	
2	检查	（1）在作业现场设置安全围栏和警示标志。 （2）作业人员检查电杆、拉线及周围环境。 （3）检查绝缘工具、防护用具。 （4）绝缘工具绝缘性能检测。 （5）对旁路作业设备进行外观检查。 （6）检查确认移动箱变间隔设施完好。 （7）检查确认电源侧环网柜备用间隔设施完好。 （8）检查确认待检修线路负荷电流小于 200A	（1）安全围栏和警示标志满足规定要求。 （2）线路设备及周围环境满足作业条件。 （3）绝缘工具、防护用具性能完好，并在试验周期内。 （4）使用绝缘电阻检测仪将绝缘工具进行分段绝缘检测。绝缘电阻阻值不低于 700MΩ。 （5）检查旁路电缆的外护套是否有机械性损伤；电缆接头与电缆的连接部位是否有折断现象；检查电缆接头绝缘表面是否有损伤。 （6）确认环网柜间隔设施完好。 （7）确认移动箱变设施完好。 （8）旁路作业设备额定通流能力为 200A，作业前需检测确认待检修线路负荷电流小于 200A	

序号	作业步骤	作业内容	标　　准	备注
3	从环网柜临时取电给移动箱变供电	（1）敷设旁路作业设备防护垫布。 （2）敷设旁路防护盖板。 （3）敷设旁路电缆。 （4）连接旁路电缆并进行分段绑扎固定。 （5）使用绝缘电阻检测仪对组装好的旁路作业设备进行绝缘电阻检测，绝缘性能检测完毕，将旁路电缆分相可靠接地充分放电。 （6）确认待取电的用户与原电源的连接断开。 （7）验电后，将旁路电缆终端安装到移动箱变上；将低压侧按原相序接至用户。 （8）确认供电环网柜备用间隔处于断开位置。 （9）验电后，将旁路电缆按原相序与供电环网柜备用间隔连接。 （10）依次合上供电环网柜备用间隔开关，移动箱变高压侧、低压侧开关，完成取电工作。 （11）临时取电给移动箱变工作完成后，断开移动箱变低压侧开关。 （12）断开移动箱变高压侧开关。 （13）断开供电环网柜备用间隔开关。 （14）电缆作业人员确认旁路作业设备退出运行，对旁路电缆可靠接地充分放电后，拆除旁路电缆终端。 （15）作业人员将旁路作业设备地面防护装置收好装车	（1）敷设旁路电缆时，须由多名作业人员配合使旁路电缆离开地面整体敷设，防止旁路电缆与地面摩擦。 （2）连接旁路作业设备前，应对各接口进行清洁和润滑；用清洁纸或清洁布、无水酒精或其他清洁剂清洁；确认绝缘表面无污物、灰尘、水分、损伤。在插拔界面均匀涂润滑硅脂。 （3）雨雪天气严禁组装旁路作业设备；组装完成的连接器允许在降雨（雪）条件下运行，但应确保旁路设备连接部位有可靠的防雨（雪）措施。 （4）旁路开关组装后，应使用专用接地线将旁路开关外壳接地。 （5）旁路作业设备组装好后，应逐相进行高压设备对地的绝缘电阻检测，绝缘电阻值不得小于 $500M\Omega$，合格后方可投入使用。绝缘电阻检测后，旁路作业设备应充分放电。 （6）旁路电缆两端屏蔽层应采用不小于 $25mm^2$ 的导线接地。 （7）旁路电缆运行期间，应派专人看守、巡视，防止外人碰触。 （8）旁路作业设备投入运行前，必须进行核相。 （9）移动箱变退出运行前，应确认移动箱变低压侧无负荷。 （10）恢复原线路供电前，必须进行核相，确认相位正确方可实施。 （11）拆除旁路作业设备前，应充分放电。 （12）作业前需检测确认待取电用户的负荷电流小于旁路作业设备的额定电流。 （13）作业过程应监测旁路电缆电流，确保小于 200A	
4	施工质量检查	现场总工作负责人检查作业质量	全面检查作业质量，无遗漏的工具、材料等	
5	完工	现场总工作负责人检查工作现场	现场总工作负责人全面检查工作完成情况	

4.3 竣工

序号	内　　容
1	现场总工作负责人全面检查工作完成情况无误后，组织清理现场及工具
2	通知值班调度员，工作结束
3	终结工作票

5 验收总结

序号	检修总结	
1	验收评价	
2	存在问题及处理意见	

6 指导书执行情况评估

评估内容	符合性	优		可操作项	
		良		不可操作项	
	可操作性	优		修改项	
		良		遗漏项	
存在问题					
改进意见					

参 考 文 献

［1］ 胡毅. 配电线路带电作业技术［M］. 北京：中国电力出版社，2002.

［2］ 宋伟. 配电线路带电作业［M］. 北京：中国电力出版社，2010.

［3］ 史兴华. 配电线路带电作业技术与管理［M］. 北京：中国电力出版社，2010.

［4］ Q/GDW 520—2010.10kV架空配电线路带电作业管理规范［S］. 北京：中国电力出版社，2010.

［5］ 李天友. 配电不停电作业技术［M］. 北京：中国电力出版社，2013.

［6］ 河南省电力公司配电带电作业实训基地.10kV电缆线路不停电作业培训读本［M］. 北京：中国电力出版社，2014.